全国卫生高等职业教育规划教材辅导教材

供临床医学、护理类及相关专业用

医学生物化学学习指导

第4版

主　审　周爱儒

主　编　倪菊华　郑弋萍　刘观昌

副主编　周晓慧　扈瑞平　马贵平

编　委　（按姓名汉语拼音排序）

程　凯（山西医科大学汾阳分院）
邓秀玲（内蒙古医科大学）
龚明玉（承德医学院）
胡玉萍（保山中医药高等专科学校）
扈瑞平（内蒙古医科大学）
郑弋萍（江西医学高等专科学校）
刘观昌（菏泽医学专科学校）
马贵平（乌兰察布医学高等专科学校）
倪菊华（北京大学医学部）
王卫平（北京大学医学部）
王子梅（深圳大学医学部）
文朝阳（首都医科大学）
徐世明（首都医科大学燕京医学院）
袁丽杰（哈尔滨医科大学大庆校区）
张　萍（哈尔滨医科大学大庆校区）
赵　颖（北京大学医学部）
周晓慧（承德医学院）

编写秘书　安国顺（北京大学医学部）

北京大学医学出版社

YIXUE SHENGWU HUAXUE XUEXI ZHIDAO

图书在版编目（CIP）数据

医学生物化学学习指导/倪菊华，郑弋萍，刘观昌主编. —4版.
—北京：北京大学医学出版社，2015.4（2019.1重印）

ISBN 978-7-5659-1052-4

Ⅰ.①医… Ⅱ.①倪… ②郑… ③刘… Ⅲ.①医用化学—生物化学—医学院校—教学参考资料 Ⅳ.①Q5

中国版本图书馆CIP数据核字（2015）第042724号

医学生物化学学习指导（第4版）

主　　编：倪菊华　郑弋萍　刘观昌
出版发行：北京大学医学出版社
地　　址：（100191）北京市海淀区学院路38号 北京大学医学部院内
电　　话：发行部 010－82802230；图书邮购 010－82802495
网　　址：http：//www.pumpress.com.cn
E－mail：booksale@bjmu.edu.cn
印　　刷：中煤（北京）印务有限公司
经　　销：新华书店
责任编辑：张凌凌　**责任校对：**金彤文　**责任印制：**李　啸
开　　本：787mm×1092mm　1/16　**印张：**8　**字数：**200千字
版　　次：1998年12月第1版　2015年4月第4版　2019年1月第4次印刷
书　　号：ISBN 978-7-5659-1052-4
定　　价：18.00元

全国卫生高等职业教育规划教材辅导教材编写说明

本套学习指导是全国卫生高等职业教育规划教材的配套辅导教材。编写目的是便于学生理解和掌握主教材知识，提高实训实践能力，可作为相应课程的学习辅助用书、专升本考试复习资料、国家执业助理医师及护士执业资格考试的备考用书。

学习指导按照相应主教材章节顺序编排，每章（节）均包含测试题、参考答案。其中测试题涵盖教材主要知识点，同时紧扣执业助理医师、护士执业资格考试大纲，力求贴近执业资格考试的题型及试题比例。参考答案提供答题要点及思路，旨在提高学生的自主学习和自查自测能力。

试题兼顾各章重点内容，题型覆盖日常考查、考试的常见题型，以及专升本考试、执业资格考试题型，便于学生自我检验学习效果，熟悉考试题型，明确考核的具体要求。

第 4 版前言

《医学生物化学学习指导》（第 1 版）1998 年出版，至今已有 17 年，期间于 2004、2008 年再版。前 3 版共 5 次印刷，总印数近 3 万册，受到全国各地院校师生们的普遍欢迎和好评。

《医学生物化学》（第 4 版）主教材已于 2014 年 11 月由北京大学医学出版社出版。与第 3 版相比，此版主教材在内容及形式上均进行了一些补充和修改，主要改动有：①根据学科特点及进展，删去第 18 章“水、电解质与酸碱平衡”，代之以“细胞增殖调控分子”；将“基因组学与医学”调整为“组学与医学”。②根据学科最新进展，增补了一些新知识、新概念。例如：蛋白质的泛素化降解机制、lncRNA 的基因表达调节功能、生物芯片技术等。③适当调整某些章节的内容与编排。例如，糖蛋白和蛋白聚糖从“糖代谢”章调至“蛋白质的结构与功能”章。④插入一些知识链接，介绍科研进展或与临床的联系。

为了帮助读者更好地学习和掌握 4 版主教材的内容，特将原 3 版学习指导进行相应修订，编写了《医学生物化学学习指导》（第 4 版），使其与主教材相适应。本版学习指导内容紧扣执业助理医师、护士执业资格考试大纲，题型也力求贴近资格考试，包括 A 型选择题、B 型选择题、名词解释、简答题和论述题，并附各题的参考答案。

《医学生物化学学习指导》（第 4 版）除主要供医学高等专科学校、医学院校各专业使用外，还可供全国各网络学院、自学考试以及医师进修班等参考使用。

本书由北京大学医学部、江西医学高等专科学校以及菏泽医学专科学校联合主编，各章内容分别由《医学生物化学》（第 4 版）主教材的相应作者编写，由北京大学医学出版社出版。本版学习指导的编写一直得到主审、北京大学医学部周爱儒教授的关心和指导，特此致谢！

本书在编写与出版过程中得到北京大学医学出版社领导和编辑的大力支持与协助，特此致谢！由于我们的水平有限及编写时间仓促，本书可能存在一些缺点或不足之处，敬请各位读者批评指正。

倪菊华　郑弋萍　刘观昌

2015 年 3 月于北京

目录

第一章 蛋白质的结构与功能

测试题

一、选择题

A 型题

1. 测得某一蛋白质样品的氮含量为 0.40g，此样品的蛋白质含量是
   A. 2.00g
   B. 2.50g
   C. 6.40g
   D. 3.00g
   E. 6.25g
2. 下列属于酸性氨基酸的是
   A. 精氨酸
   B. 赖氨酸
   C. 甘氨酸
   D. 色氨酸
   E. 谷氨酸
3. 下列含有疏水侧链的氨基酸是
   A. 色氨酸、精氨酸
   B. 苯丙氨酸、异亮氨酸
   C. 精氨酸、亮氨酸
   D. 天冬氨酸、谷氨酸
   E. 甲硫氨酸、组氨酸
4. 组成蛋白质的基本单位是
   A. L-α-氨基酸
   B. D-α-氨基酸
   C. L-β-氨基酸
   D. D-β-氨基酸
   E. L，D-α 氨基酸
5. 蛋白质分子中的主要化学键是
   A. 肽键
   B. 二硫键
   C. 酯键
   D. 盐键
   E. 氢键
6. 关于肽键叙述错误的是
   A. 肽键中的 C—N 键长度比相邻的 N—$C_α$单键短
   B. 肽键的 C—N 键具有部分双键性质
   C. 与 α-碳原子相连的 N 和 C 所形成的化学键可以自由旋转
   D. 肽键可以自由旋转
   E. 肽键中 C—N 键所相连的四个原子基本处于同一平面上
7. 维持蛋白质二级结构的主要化学键是
   A. 盐键
   B. 疏水键
   C. 肽键
   D. 氢键
   E. 二硫键
8. 蛋白质分子的 β-转角属于蛋白质的
   A. 一级结构
   B. 二级结构
   C. 三级结构
   D. 四级结构
   E. 侧链构象
9. 关于蛋白质分子三级结构的描述错误的是
   A. 天然蛋白质分子均有三级结构
   B. 具有三级结构的多肽链都具有生物学活性
   C. 三级结构的稳定性主要是次级键维系
   D. 亲水基团多聚集在三级结构的

表面
E. 决定盘曲折叠的因素是氨基酸残基
10. 具有四级结构的蛋白质的特征是
A. 分子中必定含有辅基
B. 至少含有三条多肽链
C. 每条多肽链都具有独立的生物学活性
D. 依赖肽键维系四级结构的稳定性
E. 由两条或两条以上独立具有三级结构的多肽链组成
11. 关于蛋白质的四级结构正确的是
A. 一定有多个相同的亚基
B. 一定有多个不同的亚基
C. 一定有种类相同，而数目不同的亚基数
D. 一定有种类不同，而数目相同的亚基
E. 亚基的种类、数目都不定
12. 蛋白质的一级结构及高级结构取决于
A. 分子中氢键
B. 分子中盐键
C. 氨基酸组成和顺序
D. 分子内部疏水键
E. 亚基
13. 关于蛋白质所形成的胶体颗粒不稳定的是
A. 溶液 pH 大于 pI
B. 溶液 pH 小于 pI
C. 溶液 pH 等于 pI
D. 溶液 pH 等于 7.4
E. 在水溶液中
14. 蛋白质的等电点是
A. 蛋白质溶液的 pH 等于 7.0 时溶液的 pH
B. 蛋白质溶液的 pH 等于 7.4 时溶液的 pH
C. 蛋白质分子呈正离子状态时溶液的 pH
D. 蛋白质分子呈负离子状态时溶液的 pH
E. 蛋白质的正电荷与负电荷相等时溶液的 pH
15. 可使血清白蛋白（pI 为 4.7）带正电荷的溶液 pH 是
A. 4.0
B. 5.0
C. 6.0
D. 7.0
E. 8.0
16. 蛋白质水溶液的稳定因素是
A. 蛋白质溶液有分子扩散现象
B. 蛋白质在溶液中有“布朗运动”
C. 蛋白质分子表面带有水化膜和同种电荷
D. 蛋白质溶液的黏度大
E. 蛋白质分子带有电荷
17. 蛋白质变性是由于
A. 氨基酸排列顺序的改变
B. 氨基酸组成的改变
C. 肽键的断裂
D. 蛋白质空间构象的破坏
E. 蛋白质的水解
18. 变性蛋白质的主要特点是
A. 黏度下降
B. 溶解度增加
C. 不易被蛋白酶水解
D. 生物学活性丧失
E. 不容易被盐析出现沉淀
19. 不能引起蛋白质变性的因素是
A. 加热震荡
B. 强酸强碱
C. 有机溶剂
D. 重金属盐
E. 盐析
20. 蛋白质变性反应不包括
A. 氢键断裂
B. 肽键断裂
C. 疏水键断裂

D. 盐键断裂
E. 二硫键断裂

21. 若用重金属沉淀 pI 为 8.0 的蛋白质时，该溶液的 pH 应为
A. 8.0
B. ＞8.0
C. ＜8.0
D. ⩽8.0
E. ⩾ 8.0

22. 用某些酸类（苦味酸、钨酸、鞣酸等）沉淀蛋白质的原理是
A. 破坏盐键
B. 中和电荷
C. 断裂氢键
D. 与蛋白质结合成不溶性盐类
E. 调节等电点

23. 下列不属于结合蛋白质的是
A. 核蛋白
B. 糖蛋白
C. 白蛋白
D. 脂蛋白
E. 色蛋白

24. 盐析法沉淀蛋白质的原理是
A. 中和电荷、破坏水化膜
B. 与蛋白质结合成不溶性蛋白盐
C. 降低蛋白质溶液的介电常数
D. 调节蛋白质溶液的等电点
E. 改变了蛋白质溶液的 pH

25. 蛋白质分子中不含有的氨基酸是
A. 半胱氨酸
B. 甲硫氨酸
C. 胱氨酸
D. 丝氨酸
E. 瓜氨酸

26. 组成蛋白质的氨基酸种类有
A. 10 种
B. 15 种
C. 20 种
D. 25 种
E. 30 种

27. 蛋白质的一级结构是指
A. 氨基酸的种类和数量
B. 分子中的各种化学键
C. 多肽链的形态和大小
D. 氨基酸残基的排列顺序
E. 分子中的共价键

B 型题

（1～3 题共用备选答案）
A. 天冬氨酸
B. 苏氨酸
C. 丙氨酸
D. 半胱氨酸
E. 赖氨酸

1. 含硫氨基酸是
2. 含两个羧基的氨基酸是
3. 含两个氨基的氨基酸是

（4～6 题共用备选答案）
A. 一级结构
B. 二级结构
C. 结构域
D. 三级结构
E. 四级结构

4. 是多肽链中氨基酸从 N 端到 C 端的排列顺序
5. 是指整条多肽链中全部氨基酸残基的相对空间位置
6. 是指多肽链主链原子的局部空间排布

（7～9 题共用备选答案）
A. 蛋白质的等电点
B. 蛋白质的沉淀
C. 蛋白质的高分子性质
D. 蛋白质的呈色反应
E. 蛋白质的变性

7. 蛋白质分子所带正负电荷相等时溶液的 pH 称为
8. 蛋白质的空间结构被破坏，理化性质改变，并失去其生物学活性称为

9. 蛋白质从溶液中析出的现象

(10～12 题共用备选答案)

A. 0.9%氯化钠

B. 常温乙醇

C. 一定量稀酸

D. 加入强酸再将溶液调到蛋白质等电点再加热煮沸

E. 高浓度硫酸铵

10. 蛋白质既不变性也不沉淀是加入了

11. 蛋白质沉淀但不变性是加入了

12. 蛋白质凝固是

二、名词解释

1. 肽键　2. 蛋白质的一级结构　3. 蛋白质的二级结构　4. 蛋白质的等电点（pI）
5. 蛋白质的变性　6. 蛋白质的沉淀

三、简答题

1. 组成蛋白质的元素有哪几种？哪一种为蛋白质分子中的特征性成分？测其含量有何用途？

2. 何为蛋白质的两性解离？

3. 沉淀蛋白质的方法主要有哪些？各有何特点？

4. 组成蛋白质的氨基酸只有 20 种，为什么蛋白质的种类却极其繁多？

5. 蛋白质变性后为什么水溶性会降低？

四、论述题

1. 何谓蛋白质的一、二、三、四级结构？维持各级结构的化学键或作用力各是什么？

2. 举例说明蛋白质一级结构与功能的关系，空间结构与功能的关系。

3. 什么是蛋白质的二级结构？它主要有哪几种形式？各有何结构特点？

4. 什么是蛋白质的变性作用？举例说明实际工作中应用和避免蛋白质变性的例子。

参考答案

一、选择题

A 型题

1. B	2. E	3. B	4. A	5. A	6. D	7. D	8. B	9. B
10. E	11. E	12. C	13. C	14. E	15. A	16. C	17. D	18. D
19. E	20. B	21. B	22. D	23. C	24. A	25. E	26. C	27. D

B 型题

1. D	2. A	3. E	4. A	5. D	6. B	7. A	8. E	9. B
10. A	11. E	12. D						

二、名词解释

1. 一个氨基酸 α-碳原子上的羧基与另一个氨基酸 α-碳原子上的氨基脱去一分子水形成的键叫肽键。

2. 是多肽链中氨基酸从 N 端到 C 端的排列顺序。

3. 指多肽主链原子在局部空间的规律性排列，不包括氨基酸残基侧链的构象。

4. 当蛋白质溶液处于某一 pH 时，其分子解离成正负离子的趋势相等，成为兼性离子，此时该溶液的 pH 称为该蛋白质的等电点（pI）。

5. 在某些理化因素作用下，蛋白质的空间结构受到破坏但肽键未发生断裂，从而引起蛋白质理化性质的改变及生物学活性的丧失，这种现象称为蛋白质的变性。

6. 分散在溶液中的蛋白质分子发生凝聚，并从溶液中析出的现象，称为蛋白质的沉淀。

三、简答题

1.（1）组成蛋白质的元素主要有碳、氢、氧、氮和硫。

（2）各种蛋白质含氮量颇为接近，平均为 16%左右。

（3）只要测定出生物样品的含氮量就可推算出近似的蛋白质含量。含氮量的克数×6.25＝样品中蛋白质的克数。

2. 蛋白质分子中带有可解离的氨基和羧基，这些基团在不同的 pH 溶液中可解离成正离子（正电荷）或负离子（负电荷），这种性质称蛋白质两性解离。

3.（1）主要方法有：盐析、有机溶剂、某些酸类、重金属盐、加热凝固。

（2）特点：

① 中性盐破坏蛋白质的水化膜和电荷，采用不同盐浓度可将不同蛋白质分段盐析，盐析不使蛋白质发生变性。

② 有机溶剂可破坏蛋白质的水化膜而使之沉淀，低温下操作可使蛋白质不变性。

③ 某些酸类如钨酸、三氯醋酸等的酸根能与带正电荷的蛋白质结合而沉淀，要求蛋白质溶液 pH＜pI，该法使蛋白质变性。

④ 重金属离子 Cu^{2+}、Hg^{2+} 等可与带负电荷的蛋白质结合而沉淀，为此要求蛋白质溶液 pH＞pI，该法使蛋白质变性。

⑤ 在等电点时加热蛋白质可形成凝块沉淀，该法使蛋白质变性。

4. 由于氨基酸的种类、数目、比例、排列顺序及组合方式的不同，可构成种类繁多、结构各异的蛋白质。

5. 三级结构以上的蛋白质的空间结构稳定主要靠次级键，当蛋白质在某些理化因素作用下变性后，维持蛋白质空间结构稳定的疏水键、二硫键以及其他次级键断裂，空间结构松懈，蛋白质分子变为伸展的长肽链，大量的疏水基团外露，导致蛋白质水溶性降低。

四、论述题

1.（1）一级结构指氨基酸在蛋白质多肽链中从 N 端到 C 端的排列顺序。维持一级结构的键是肽键。

（2）二级结构指多肽链本身折叠或盘曲所形成的局部空间构象。常见的有 α-螺旋和 β-片层结构。维持二级结构稳定的键主要是氢键。

（3）三级结构是具有二级结构的多肽链进一步盘曲、折叠所形成的空间结构。维持其稳定的主要有次级键，如氢键、离子键、疏水键、范德华力等。

（4）四级结构是指两条或两条以上具有独立三级结构的多肽链缔合在一起的结构形式。维持四级结构稳定的键主要是非共价键。

2.（1）一级结构与功能密切相关。一级结构相似其功能也相似，一级结构不同其功能也不同，一级结构发生改变则蛋白质功能也发生改变。如镰刀状红细胞性贫血患者血红蛋白的α-链与正常人血红蛋白完全相同，所不同的是β-链N端第六位正常人为谷氨酸而镰刀状红细胞性贫血患者为缬氨酸，造成红细胞带氧能力下降，易溶血。

（2）空间结构与功能也密切相关。空间结构发生改变，其功能活性也随之改变。如核糖核酸酶，当空间结构遭到破坏，催化活性丧失；当其复性后，结构恢复原状，活性也就恢复。

3. 蛋白质二级结构是指多肽链主链原子的局部空间排布方式，不涉及侧链构象，二级结构主要形式有α-螺旋、β-折叠、β-转角和无规则卷曲四种。在α-螺旋结构中，多肽链主链围绕中心轴以右手螺旋方式旋转上升，每隔3.6个氨基酸残基上升一圈。氨基酸残基的侧链伸向螺旋外侧。每个氨基酸残基的亚氨基上的氢与第四个氨基酸残基羰基上的氧形成氢键，以维持α-螺旋稳定。在β-折叠结构中，多肽链的肽键平面折叠成锯齿状结构，侧链交错位于锯齿状结构的上下方。两条以上肽链或一条肽链内的若干肽段平行排列，通过链间羰基氧和亚氨基氢形成氢键，维持β-折叠构象的稳定。在球状蛋白质分子中，肽链主链常出现180°回折，回折部分称为β-转角，β-转角通常由4个氨基酸残基组成，第二个残基常为脯氨酸。无规卷曲是指肽链中没有确定规律的结构。

4.（1）在某些理化因素作用下，蛋白质空间构象受到破坏，使其理化性质改变，生物学活性丧失，为蛋白质变性。

（2）变性是使蛋白质的次级键断裂，不涉及一级结构。

（3）变性的应用：乙醇、加热和紫外线消毒灭菌；钨酸、三氯乙酸沉淀蛋白质，可制备无蛋白血滤液用于化验室检测；热凝法检查尿蛋白。制备或保存酶、疫苗、免疫血清等蛋白质制剂时，应选用不引起变性的沉淀剂，并在低温等适当条件下保存。

（马贵平）

第二章　核酸的结构与功能

测 试 题

一、选择题

A 型题

1. 组成核酸的基本结构单位是
   A. 核糖和脱氧核糖
   B. 磷酸和核糖
   C. 含氮碱基
   D. 单核苷酸
   E. 多核苷酸
2. DNA 完全水解的产物是
   A. 碱基、脱氧核糖及磷酸
   B. 核苷和磷酸
   C. 单核苷酸、核苷和磷酸
   D. 碱基、核糖和磷酸
   E. 单核苷酸
3. 自然界游离核苷酸中，磷酸最常见是位于
   A. 戊糖的 C 5′上
   B. 戊糖的 C 2′上
   C. 戊糖的 C 3′上
   D. 戊糖的 C 2′和 C 5′上
   E. 戊糖的 C 2′和 C 3′上
4. 可用于测量生物样品中核酸含量的元素是
   A. 碳
   B. 氢
   C. 氧
   D. 磷
   E. 氮
5. 下列几乎仅存在于 RNA 中的碱基是
   A. 尿嘧啶
   B. 腺嘌呤
   C. 胞嘧啶
   D. 鸟嘌呤
   E. 胸腺嘧啶
6. 核酸分子中储存、传递遗传信息的关键部分是
   A. 核苷
   B. 碱基序列
   C. 磷酸戊糖
   D. 磷酸二酯键
   E. 戊糖磷酸骨架
7. 核酸对紫外光波最大吸收峰的波长是
   A. 200nm
   B. 220nm
   C. 260nm
   D. 280nm
   E. 340nm
8. 核酸具有紫外吸收能力的原因是
   A. 嘌呤和嘧啶中有氮原子
   B. 嘌呤和嘧啶中有硫原子
   C. 嘌呤和嘧啶连接了磷酸基团
   D. 嘌呤和嘧啶环中有共轭双键
   E. 嘌呤和嘧啶连接核糖
9. 含有稀有碱基比例较多的核酸是
   A. 胞核 DNA
   B. 线粒体 DNA
   C. tRNA
   D. mRNA
   E. rRNA
10. 有关 tRNA 分子的正确解释是
    A. tRNA 的功能主要在于结合蛋白质合成所需要的各种辅助因子
    B. tRNA 分子多数由 80 个左右的氨

基酸组成
C. tRNA3′末端有氨基酸臂
D. tRNA 的 5′末端有多聚腺苷酸结构
E. 反密码环中的反密码子的作用是结合 DNA 中互补的碱基

11. DNA 与 RNA 完全水解后，其产物的特点是
A. 核糖不同，部分碱基不同
B. 核糖不同，碱基相同
C. 核糖相同，碱基不同
D. 核糖相同，碱基部分相同
E. 磷酸核糖不同，稀有碱基相同

12. 下列关于 DNA 二级结构的叙述，错误的是
A. DNA 的二级结构是双螺旋结构
B. 双螺旋结构中碱基之间相互配对
C. 双螺旋结构中两条链方向相同
D. 磷酸与脱氧核糖组成了双螺旋的骨架
E. 双螺旋内侧碱基之间借氢键相连

13. DNA 变性是指
A. DNA 分子由超螺旋降解至双链双螺旋
B. 分子中磷酸二酯键断裂
C. 多核苷酸链解聚
D. DNA 分子中碱基水解
E. 互补碱基之间氢键断裂

14. DNA 的二级结构是
A. α-螺旋
B. β-片层
C. 无规卷曲
D. 超螺旋结构
E. 双螺旋结构

15. 下列关于 tRNA 的叙述，错误的是
A. tRNA 二级结构呈三叶草形
B. tRNA 分子中含有稀有碱基
C. tRNA 的二级结构有二氢尿嘧啶环
D. 反密码环上有 CCA 三个碱基组成反密码子
E. tRNA 分子中有一个额外环

16. 下列有关 RNA 的描述，错误的是
A. mRNA 分子中含有遗传密码
B. tRNA 含较多稀有碱基
C. 胞质中只有 mRNA
D. RNA 的合成原料为四种 NTP
E. 组成核糖体的主要是 rRNA

17. 关于碱基配对，下列叙述错误的是
A. DNA 分子中嘌呤与嘧啶比值相等
B. A 与 T（U），G 与 C 相配对
C. A 与 T 之间有两个氢键
D. G 与 C 之间有三个氢键
E. A 与 G、C 与 T 相配对

18. DNA 变性伴有的特点是
A. 是循序渐进的过程
B. 变性是不可逆的
C. 溶液黏度降低
D. 形成三股链螺旋
E. 260nm 波长处的光吸收降低

19. 大部分真核细胞 mRNA 的 3′末端都具有
A. 多聚 A
B. 多聚 U
C. 多聚 T
D. 多聚 C
E. 多聚 G

20. 有关 DNA 热变性后复性的正确说法是
A. 37℃为最适温度
B. 4℃为最适温度
C. 热变性后迅速冷却可以加速复性
D. 又叫退火
E. 25℃为最适温度

21. 真核细胞的 DNA 主要存在于
A. 线粒体
B. 核染色体
C. 粗面内质网
D. 溶酶体
E. 细胞质

22. 维持DNA双螺旋横向稳定性的力是
A. 碱基堆积力
B. 碱基对之间的氢键
C. 螺旋内侧疏水力
D. 二硫键
E. 磷酸二酯键

23. 下列关于tRNA分子的叙述，错误的是
A. 蛋白质生物合成时起携带氨基酸的作用
B. tRNA的二级结构通常为三叶草形
C. 在RNA中tRNA含稀有碱基最多
D. 它可在二级结构基础上进一步盘曲为倒“L”形的三级结构
E. 5′末端为CCA

24. 核酸变性后，会出现的现象是
A. 减色效应
B. 增色效应
C. 浮力密度下降
D. 黏度增加
E. 最大吸收峰发生改变

25. 几乎仅存在于DNA中的碱基是
A. 腺嘌呤
B. 鸟嘌呤
C. 胞嘧啶
D. 尿嘧啶
E. 胸腺嘧啶

26. 某DNA分子中腺嘌呤的含量为15%，则胞嘧啶的含量应为
A. 15%
B. 30%
C. 40%
D. 35%
E. 7%

27. 组成核小体的主要组分是
A. RNA和非组蛋白
B. RNA和组蛋白
C. DNA和非组蛋白
D. DNA和组蛋白
E. rRNA和组蛋白

28. 下列不能用来区别DNA和RNA的描述是
A. 碱基不同
B. 戊糖不同
C. 含磷量不同
D. 功能不同
E. 在细胞内分布部位不同

29. 在下列选项中，符合tRNA结构特点的是
A. 开放的阅读框
B. SD序列
C. 3′末端为CCA
D. 5′端的帽子
E. 3′端的poly（A）尾

30. 构成核酸主链的成分是
A. 碱基与碱基
B. 碱基与戊糖
C. 碱基与磷酸
D. 戊糖与戊糖
E. 戊糖与磷酸

B型题

（1～5题共用备选答案）
A. 氢键
B. 磷酸二酯键
C. 肽键
D. 范德华力
E. 糖苷键

1. 核酸分子中核苷酸之间的连接键是
2. 碱基互补配对时形成的键是
3. 核苷酸中碱基与戊糖之间的连接键是
4. 相邻碱基平面之间的堆积力是
5. 核酸酶水解的的化学键是

（6～10题共用备选答案）
A. tRNA
B. rRNA
C. mRNA

D. hnRNA
E. DNA
6. 分子中含稀有碱基最多的核酸是
7. 与蛋白质构成核糖体的核酸是
8. 真核生物 mRNA 转录的初级产物是
9. 3′端有多聚腺苷酸尾的核酸是
10. RNA 转录的模板是

（11～15 题共用备选答案）
A. 增色效应
B. 减色效应
C. 3′末端含有 CCA 序列
D. 5′端含有甲基化鸟嘌呤核苷酸帽
E. Tm
11. tRNA 的结构特点
12. DNA 变性出现
13. mRNA 的结构特点
14. DNA 复性出现
15. 使 50%的 DNA 分子解链的温度称为

（16～20 题共用备选答案）
A. 双螺旋
B. 核小体
C. 三叶草型
D. 发卡型
E. 碱基排列顺序
16. DNA 二级结构是
17. 核酸的一级结构是指
18. 真核生物 DNA 三级结构是
19. tRNA 的二级结构是
20. RNA 的二级结构是

二、名词解释

1. DNA 的一级结构　2. 增色效应　3. 碱基配对　4. 核酸杂交
5. 核酸的变性　6. DNA 的复性　7. Tm 值　8. 核小体　9. 稀有碱基

三、简答题

1. 比较 DNA 和 RNA 在化学组成上的异同点。
2. 简述真核生物 mRNA 的结构特点。
3. 简述核酸分子杂交技术的基本原理及其在基因诊断中的应用。
4. 简述 RNA 的主要类别与功能。

四、论述题

1. 试从以下几个方面对蛋白质与 DNA 进行比较：①一级结构；②空间结构；③主要的生理功能。
2. 试述 DNA 双螺旋结构模式的要点及其与 DNA 生物学功能的关系。
3. 什么是解链温度？影响某种核酸分子 Tm 值大小的因素是什么？为什么？
4. RNA 的一级结构和二级结构有何特点？这种结构特点与其功能有什么关系？

参考答案

一、选择题

A 型题

1. D　2. A　3. A　4. D　5. A　6. B　7. C　8. D　9. C
10. C　11. A　12. C　13. E　14. E　15. D　16. C　17. E　18. C

19. A　20. D　21. B　22. B　23. E　24. B　25. E　26. D　27. D
28. C　29. C　30. E

B 型题

1. B　2. A　3. E　4. D　5. B　6. A　7. B　8. D　9. C
10. E　11. C　12. A　13. D　14. B　15. E　16. A　17. E　18. B
19. C　20. D

二、名词解释

1. DNA 的一级结构：在多核苷酸链中，脱氧核糖核苷酸的连接方式，数量和排列顺序称为 DNA 的一级结构。

2. 增色效应：核酸变性时，由于原堆积于双螺旋内部的碱基暴露，对 260nm 紫外光吸收增加，这一现象称为增色效应。这是判断 DNA 变性的一个指标。

3. 碱基配对：两条链的碱基之间可以以氢键相结合，由于碱基结构不同，其形成氢键的能力不同，因此产生了固有的配对方式，即 A T 配对，形成两个氢键；G C 配对，形成三个氢键。RNA 中则 A U 配对。这种配对关系也称为碱基互补。

4. 核酸杂交：如果把不同的 DNA 链放在同一溶液中做变性处理，或把单链 DNA 与 RNA 放在一起，只要某些区域有形成碱基配对的可能，它们之间就可形成局部的双链。这一过程称为核酸分子杂交。

5. 核酸的变性：在某些理化因素作用下，核酸分子中的氢键断裂，双螺旋结构松散分开，理化性质改变及失去原有的生物学活性即称为核酸的变性。

6. DNA 的复性：变性的 DNA 在适当条件下，两条互补链可重新恢复天然的双螺旋构象，这一现象称为复性。热变性的 DNA 经缓慢冷却后即可复性，这一过程也称为退火。

7. Tm 值：DNA 变性过程中，260nm 处光吸收值达到最大值 50%时的温度称为 DNA 的解链温度（Tm）。在 Tm 时，核酸分子内 50%的双链结构被解开。

8. 核小体：由 DNA 和组蛋白共同构成。DNA 双链盘绕在以组蛋白（各两分子的 H2A、H2B、H3、H4）为核心的结构表面构成核小体。

9. 稀有碱基：除了常规碱基之外，核酸还含有少量常规碱基的衍生物，称为稀有碱基。

三、简答题

1.

核酸种类	组成成分					基本组成单位
	碱基				戊糖	磷酸	
DNA	A	G	C	T	脱氧核糖	Pi	dNMP
RNA	A	G	C	U	核糖	Pi	NMP

2. 成熟的真核生物 mRNA 的结构特点是：①5′端有帽式结构，即 5′端第 1 个甲基化鸟嘌呤核苷酸以 5′端三磷酸酯键与第 2 个核苷酸的 5′端相连的结构，帽子结构在 mRNA 作为模板翻译成蛋白质的过程中具有促进核糖体与 mRNA 的结合，加速翻译起始速度的作用，同时可以增强 mRNA 的稳定性。②在真核 mRNA 的 3′末端，大多数有一段长短不一的多聚腺苷酸结构，通常称为多聚 A 尾，其长度为 20～200 个腺苷酸。目前认为这种 3′末端结构

可能与 mRNA 从核内向胞质的转位及 mRNA 的稳定性有关。③mRNA 分子中有编码区和非编码区。

3. ①核酸分子杂交技术是以核酸的变性与复性为基础的。不同来源的核酸变性后合并在一起进行复性，只要这些核苷酸分子中含有可形成碱基互补配对的片段，则彼此形成杂化双链，这个过程为分子杂交。②应用被标记已知碱基序列的单链核酸分子作为探针，在一定条件下与待测样品 DNA 单链进行杂交，可检测出待测 DNA 分子中是否含有与探针同源的碱基序列。应用此原理可用于细菌、病毒、肿瘤和分子病的诊断，俗称基因诊断。

4. RNA 的功能是参与遗传信息的传递与表达，主要存在于细胞质。RNA 根据在蛋白质生物合成中的作用主要可分三类：①信使 RNA（mRNA）：以 DNA 为模板合成后转位至胞质，在胞质中作为蛋白质合成的模板；②转运 RNA（tRNA）：在细胞蛋白质合成过程中，作为各种氨基酸的运载体并将其转呈给 mRNA；③核蛋白体 RNA（rRNA）：rRNA 与核糖体蛋白共同构成核糖体，核糖体是细胞合成蛋白质的场所。

四、论述题

1. ①一级结构：蛋白质的一级结构指氨基酸在多肽链中按一定顺序排列，以肽键相连的链式结构，DNA 的一级结构指脱氧核糖核苷酸在多核苷酸链中按一定顺序排列，以 3′,5′-磷酸二酯键相连的链式结构。②空间结构：蛋白质二级结构指多肽链本身折叠、盘曲所形成的空间构象，典型的有 α-螺旋和 β-片层结构；三级结构是指在二级结构基础上进一步盘曲，折叠形成的空间结构；由两条或两条以上具有三级结构的多肽链借次级键缔合为蛋白质的四级结构。DNA 的二级结构为双链双螺旋结构；三级结构为超螺旋结构。③生理功能：蛋白质是生命活动的物质基础，是各种组织的基本组成成分。有许多特殊功能，例如催化功能（酶），调节功能（蛋白多肽类激素），收缩及运动功能［肌动（球）蛋白］，运输及储存功能（血红蛋白），保护及免疫功能（凝血酶原和免疫球蛋白）。DNA 是遗传信息的携带者，可将遗传信息复制、转录，并指导蛋白质的生物合成，DNA 决定生物体的遗传特征。

2. DNA 双螺旋结构模型的要点是：①DNA 是一反向平行的双链结构，一条链的走向是 5′→3′，另一条链的走向是 3′→5′。脱氧核糖基和磷酸基骨架位于双链的外侧，碱基位于内侧，两条链的碱基之间以氢键相连。腺嘌呤与胸腺嘧啶配对，形成两个氢键（A=T），鸟嘌呤与胞嘧啶配对，形成三个氢键（G≡C）。碱基平面与双螺旋结构的长轴相垂直。②DNA是一右手螺旋结构。螺旋每旋转一周包含了 10.5 对碱基，每个碱基的旋转角度为 36°。螺距为 3.54nm，碱基平面之间的距离为 0.34nm。DNA 双螺旋表面存在一个大沟和一个小沟。③DNA 双螺旋结构的稳定靠两条链间互补碱基的氢键及碱基平面间的疏水性堆积力维持。两条多核苷酸单链通过碱基配对形成氢键，A 与 T 配对，G 与 C 配对，在 DNA 复制过程中，以预先存在的 DNA 链作为模板就可以得到一条与其完全互补的子链，由此可以保证遗传信息的准确传递。

3. ①核酸在加热变性过程中，紫外光吸收值达到最大值的 50%时的温度为核酸的解链温度（Tm）。②Tm 值大小与 G C 含量多少有关，G C 含量高，Tm 值也高；与核酸分子长度有关，核酸分子越长，Tm 值越高。③原因是 G C 间含三个氢键，A T 间含两个氢键，故 G C 较 A T 稳固；核酸分子长度越长，解链时所需能量越高，故 Tm 值大。

4. tRNA 的一级结构由 70～90 个核苷酸构成，分子中富含稀有碱基。tRNA 的 5′端大多数为 pG，而 3′端都是 CCA 序列，CCA-OH 是 tRNA 携带与转运的氨基酸结合部位。

tRNA二级结构为三叶草形，含 4 个局部互补配对的双链区，形成发夹结构或茎环结构，左、右两环根据其含有的稀有碱基，分别称为 DHU 环和 TψC 环，位于下方的环称反密码环。反密码环中间的 3 个碱基称为反密码子，可与 mRNA 上相应的三联体密码子碱基互补，使携带特异氨基酸的 tRNA，依据其特异的反密码子来识别结合 mRNA 上相应的密码子，引导氨基酸正确地定位在合成的肽链上。

（周晓慧）

第三章　酶　学

测试题

一、选择题

A 型题

1. 下列关于酶叙述正确的是
   A. 酶能改变反应的平衡常数
   B. 所有的酶都是蛋白质
   C. 大多数酶是由活细胞产生的具有催化作用的蛋白质
   D. 温度越高，酶促反应速度越快
   E. pH 越高，酶促反应速度越快
2. 生物素缺乏时活性下降的酶是
   A. 丙酮酸脱氢酶
   B. 丙酮酸激酶
   C. 苹果酸酶
   D. 丙酮酸羧化酶
   E. 苹果酸脱氢酶
3. 结合蛋白酶具有活性的情况是
   A. 酶蛋白单独存在
   B. 辅酶单独存在
   C. 亚基单独存在
   D. 全酶形式存在
   E. 有激活剂存在
4. 有关核酶的正确描述为
   A. 核酶的化学本质是蛋白质
   B. 核酶的化学本质是 RNA
   C. 核酶的化学本质是 DNA
   D. 核酶水解的产物是氨基酸
   E. 核酶水解的产物是脱氧核糖核苷酸
5. 全酶是指
   A. 酶与底物结合的复合物
   B. 酶与抑制剂结合的复合物
   C. 酶与变构剂结合的复合物
   D. 酶的无活性前体
   E. 酶与辅助因子结合的复合物
6. 辅酶的特性是
   A. 透析后不能与酶蛋白分开
   B. 与酶蛋白结合较牢固的金属离子
   C. 与蛋白质结合牢固的 B 族维生素衍生物
   D. 与酶蛋白结合较为疏松，用超滤方法能与酶蛋白分开
   E. 超滤后不能与酶蛋白分开
7. 转氨酶的辅酶含有的维生素是
   A. Vit B_1
   B. Vit B_2
   C. Vit B_6
   D. Vit B_{12}
   E. Vit PP
8. 以四氢叶酸作为转运载体的是
   A. 尿素
   B. 二氧化碳
   C. 氨基酸
   D. 一碳单位
   E. 核苷酸
9. 金属离子在酶促反应中的作用**不包括**
   A. 稳定酶分子构象
   B. 增加反应中的静电斥力
   C. 降低反应中的静电斥力
   D. 传递电子
   E. 在酶和底物间起连接桥梁作用
10. 以 FH_4 为辅酶的是
    A. 一碳单位转移酶
    B. 酰基转移酶
    C. HMG-CoA 合酶

D. 转氨酶
E. 转酮基酶

11. 关于酶活性中心的描述错误的是
A. 酶活性中心外的必需基团是维持酶空间构象所必需
B. 酶原激活是酶活性中心形成的过程
C. 酶的活性中心是由一级结构上相互邻近的基团组成的
D. 酶与底物接近时，其结构相互诱导、相互变形和相互适应
E. 活性中心是有一定空间的构象，能与底物特异结合的区域

12. 酶催化效率高的原因是
A. 降低反应活化能
B. 升高反应活化能
C. 减少反应的自由能
D. 降低底物的能量水平
E. 升高产物的能量水平

13. 酶加热变性后其活性丧失是由于
A. 酶失去了辅酶
B. 酶蛋白沉淀析出
C. 酶的一级结构受到破坏
D. 酶的空间结构受到破坏
E. 酶失去了激活剂

14. 酶对底物有特异性的原因是
A. 酶好似一把钥匙与底物匹配
B. 底物好比一把锁，与酶完全匹配
C. 酶与底物接近时，仅酶诱导底物变形
D. 酶与底物之间邻近效应和定向排列
E. 酶与底物接近时，其结构相互诱导、相互变形和相互适应

15. 酶诱导契合学说是指
A. 酶原激活机制
B. 变构酶激活机制
C. 抑制剂诱导酶改变构象
D. 底物与酶相互诱导改变构象，相互适应，进而相互结合
E. 产物诱导酶改变构象，使其适应产物

16. 乳酸脱氢酶经加热后，其活性大大降低或消失，这是因为
A. 亚基解聚
B. 失去辅酶
C. 酶蛋白变性
D. 酶蛋白与辅酶单独存在
E. 辅酶失去活性

17. 下列不是酶促反应机制的是
A. 趋近效应和定向排列
B. 协同效应
C. 酸碱催化
D. 多元催化
E. 表面效应

18. 酶促反应动力学研究的是
A. 编码酶的碱基序列
B. 酶的氨基酸排列顺序
C. 酶的作用机制
D. 影响酶促反应速度的因素
E. 酶的理化与生物学性质

19. 下列不是影响酶促反应速度的因素是
A. 底物浓度
B. 酶的浓度
C. 反应的温度
D. 反应环境的 pH
E. 酶原的浓度

20. 酶的特征常数是
A. V_{max}
B. 最适 pH
C. 最适温度
D. T_m
E. K_m

21. 酶浓度对酶促反应速度影响的图形为
A. S 型曲线
B. 矩形双曲线
C. 抛物线
D. 直线
E. 在纵轴上截距为 $1/V_{max}$ 的直线

22. 国际酶学委员会将酶分为六大类的

依据是
A. 酶的来源
B. 酶的结构
C. 酶的物理性质
D. 酶促反应的性质
E. 酶所催化的底物
23. K_m 值的特点是
A. 与酶的性质无关
B. 与同一种酶的各种同工酶无关
C. 与酶对底物的亲和力无关
D. 与酶的浓度有关
E. 是达到 $1/2V_{max}$时的底物浓度
24. 关于温度对酶促反应速度影响的错误描述是
A. 温度高于 50～60℃，酶开始变性失活
B. 温度对酶促反应速度呈现双重影响
C. 高温可灭菌
D. 低温使酶变性失活
E. 低温可保存菌种
25. 有关 pH 对酶促反应速度影响的错误描述是
A. pH 改变可影响酶的解离状态
B. pH 改变可影响底物的解离状态
C. pH 改变可影响酶与底物的结合
D. 酶促反应速度最高时的 pH 为最适 pH
E. 最适 pH 是酶的特征性常数
26. 有关激活剂的正确叙述是
A. 激活变构剂的一种
B. 是使酶由无活性变为有活性或活性增加的物质
C. 使酶活性增加的必需激活剂
D. 是使酶一级结构改变的物质
E. 激活剂都是阴离子，如 Cl^-
27. 有机磷化合物对于胆碱酯酶的抑制属于
A. 不可逆抑制
B. 可逆性抑制
C. 竞争性抑制
D. 非竞争性抑制
E. 反竞争性抑制
28. 酶竞争性抑制作用的强弱取决于
A. 竞争部位
B. 结合的牢固程度
C. 与酶结构的相似程度
D. 酶的结合基团
E. 底物与抑制剂浓度的相对比例
29. 磺胺药的抑菌作用属于
A. 不可逆抑制
B. 竞争性抑制
C. 非竞争性抑制
D. 反竞争性抑制
E. 抑制强弱不取决于底物与抑制剂浓度的相对比例
30. 丙二酸对琥珀酸脱氢酶动力学特征的影响是
A. K_m ↑　V_{max}不变
B. K_m ↓　V_{max}不变
C. K_m 不变　V_{max} ↑
D. K_m 不变　V_{max} ↓
E. K_m ↓　V_{max} ↓
31. 一种酶作用于几种底物时，其天然底物所对应的 K_m 值
A. 最大
B. 最小
C. 中间
D. 与其他底物相同
E. 所有 K_m 均相同
32. 关于非竞争性抑制作用的正确描述为
A. 抑制剂与底物结构相似
B. 抑制剂与酶的活性中心结合
C. 增加底物浓度可使抑制逆转
D. K_m 不变　V_{max} ↓
E. K_m ↓　V_{max} ↓
33. 关于反竞争性抑制作用的正确描述为
A. 抑制剂与酶活性中心结合

B. 抑制剂仅与中间复合物（ES）结合
C. 林-贝作图时不同浓度抑制剂在纵轴上的截距不变
D. K_m 不变　V_{max} ↓
E. K_m ↓　　V_{max} 不变

34. 酶的必需基团不常见的是
A. 羟基
B. 羧基
C. 咪唑基
D. 苯基
E. 巯基

35. 有关变构酶的错误叙述是
A. 变构剂以共价键结合到变构部位
B. 构象的改变使酶与底物的亲和力发生变化
C. 体内快速调节酶活性的重要方式
D. 变构剂与酶活性中心外的某一部位可逆地结合，使酶构象改变，因而酶活性改变
E. 正协同效应底物浓度曲线呈 S 型

36. 同工酶的正确描述为
A. 催化功能不同，理化、免疫学性质相同
B. 催化功能、理化性质相同
C. 同一种属一种酶的同工酶 K_m 值不同
D. 同工酶无器官特异性
E. 不同种属的同一种酶

37. 乳酸脱氢酶同工酶是由 H、M 亚基组成的
A. 二聚体
B. 三聚体
C. 四聚体
D. 五聚体
E. 六聚体

38. 酶保持催化活性的必要条件是
A. 酶分子完整无缺
B. 酶分子的所有化学基团存在
C. 有金属离子参加
D. 有辅酶参加
E. 有活性中心及其必需基团

39. 关于酶原及其激活的正确叙述为
A. 酶原无活性是因为酶蛋白肽链合成不完全
B. 酶原无活性是因为缺乏辅酶或辅基
C. 体内的酶初泌时都以酶原的形式存在
D. 酶原激活过程是酶活性中心形成与暴露的过程
E. 所有酶原都有自身激活功能

40. 关于调节酶的叙述错误的是
A. 调节酶常是变构酶
B. 调节酶常位于代谢途径的起始或分叉部位
C. 调节酶常是共价修饰酶
D. 受激素调节的酶常是调节酶
E. 调节酶的活性最高，故对整个代谢途径的速度起决定作用

41. 测定酶活性的反应体系中，叙述不恰当的是
A. 作用物的浓度越高越好
B. 应选择该酶的最适 pH
C. 反应温度应接近最适温度
D. 合适的温育时间
E. 有的酶需要加入激活剂

42. 不含 B 族维生素的辅酶是
A. NAD^+
B. $NADP^+$
C. FAD
D. CoQ
E. CoA-SH

43. 下列有关酶蛋白的叙述不正确的是
A. 是高分子化合物
B. 不耐酸碱
C. 与酶的特异性无关
D. 不能透过半透膜
E. 属于结合酶的组成部分

44. 酶分子中能使底物转变为产物的基

团是
A. 调节基团
B. 结合基团
C. 催化基团
D. 亲水基团
E. 酸性基团

45. 电泳法测定心肌梗死患者血中乳酸脱氢酶的同工酶时，增加最显著的是
A. LDH_1
B. LDH_2
C. LDH_3
D. LDH_4
E. LDH_5

46. 能使唾液淀粉酶活性增强的离子是
A. 氯离子
B. 锌离子
C. 碳酸氢根离子
D. 铜离子
E. 锰离子

47. 酶促反应速度（V）达到最大反应速度（V_{max}）的 80%时，底物浓度[S] 为
A. $1K_m$
B. $2K_m$
C. $3K_m$
D. $4K_m$
E. $5K_m$

48. 酶活性是指
A. 酶所催化的化学反应
B. 无活性的酶转变成有活性的酶
C. 酶与底物的结合力
D. 酶的催化能力
E. 酶必需基团的解离

49. 酶和一般催化剂共有的特点是
A. 催化效率高
B. 反应前后无质和量的改变
C. 特异性强
D. 可调节性
E. 不稳定性

50. 对可逆性抑制剂的描述，正确的是
A. 使酶变性的抑制剂
B. 抑制剂与酶共价结合
C. 抑制剂与酶非共价结合
D. 抑制剂与酶结合后用透析等物理方法不能解除抑制
E. 抑制剂与酶的变构基团结合，使酶的活性降低

B 型题

（1～3 题共用备选答案）
A. K_m 不变　V_{max}不变
B. K_m ↑　V_{max} ↑
C. K_m ↓　V_{max} ↓
D. K_m 不变　V_{max} ↓
E. K_m ↑　V_{max}不变

1. 竞争性抑制作用
2. 非竞争性抑制作用
3. 反竞争性抑制作用

（4～6 题共用备选答案）
A. Vit B_1
B. Vit B_2
C. Vit B_6
D. Vit B_{12}
E. Vit PP

4. 氨基转移反应需要的维生素是
5. α-酮酸氧化脱羧反应需要的维生素是
6. 甲基转移反应需要的维生素是

（7～9 题共用备选答案）
A. Na^+
B. Zn^{2+}
C. Mg^{2+}
D. Mn^{2+}
E. Cl^-

7. 参与唾液淀粉酶反应的是
8. 参与激酶类反应的是
9. 参与超氧化物歧化酶反应的是

（10～12 题共用备选答案）

A. 激活剂

B. 抑制剂

C. K_m

D. T_m

E. pH

10. 是酶的特征性常数的是

11. 能提高酶活性的是

12. 能降低酶活性的是

（13～15 题共用备选答案）

A. 转氨酶

B. 酪氨酸酶

C. 血和尿的淀粉酶

D. 胃蛋白酶

E. 胆碱酯酶

13. 急性胰腺炎时需检测的酶是

14. 急性肝炎时需要检测的酶是

15. 白化病需要检测的酶是

二、名词解释

1. 酶　2. 酶的活性中心　3. 同工酶　4. 酶原的激活　5. 竞争性抑制作用　6. 核酶　7. 酶的绝对特异性　8. 辅基和辅酶　9. 酶的变构调节　10. 活化能

三、简答题

1. 简述酶促反应中酶蛋白和辅助因子的关系。
2. 简述磺胺类药物的作用机制。
3. 举例说明维生素与辅酶的关系。
4. 从动物体内提取一种高分子化合物，纯化后能催化磷酸二羟丙酮的还原及产物的氧化反应。

问：（1）该物质是什么？

（2）该反应在细胞何处进行？辅酶是什么？

5. 简述竞争性抑制剂与非竞争性抑制剂的主要区别。
6. 简述酶的特异性的类型。

四、论述题

1. 试述三种竞争性抑制作用的区别和动力学特点。
2. 试述 pH 是如何影响酶促反应速度的？临床上酸碱中毒患者最终会导致什么后果？
3. 试述 K_m 值与相关因素之间的关系及其存在的意义。
4. 试述温度对酶促反应影响的双重性。
5. 试述酶原激活的本质及其生理意义。

参考答案

一、选择题

A 型题

1. C	2. D	3. D	4. B	5. E	6. D	7. C	8. D	9. B
10. A	11. C	12. A	13. D	14. E	15. D	16. C	17. B	18. D
19. E	20. E	21. D	22. D	23. E	24. D	25. E	26. B	27. A
28. E	29. B	30. A	31. B	32. D	33. B	34. D	35. A	36. C

37. C　38. E　39. D　40. E　41. A　42. D　43. C　44. C　45. A
46. A　47. D　48. D　49. B　50. C

B 型题

1. E　2. D　3. C　4. C　5. A　6. D　7. E　8. C　9. D
10. C　11. A　12. B　13. C　14. A　15. B

二、名词解释

1. 酶：酶是由活细胞产生、对其底物具有高度特异性和高度催化效能的物质，其化学本质大多为蛋白质。

2. 酶的活性中心：必需基团比较集中，形成一定空间构象，能与底物特异结合并将其转化为产物的区域称为酶的活性中心。

3. 同工酶：催化相同的化学反应，而酶蛋白分子结构、理化性质和免疫学性质不同的一组酶，称同工酶。

4. 酶原的激活：无活性的酶原在一定条件下，能转变成有催化活性的酶，此过程称酶原的激活。

5. 竞争性抑制作用：有些抑制剂与酶作用的底物结构相似，能和底物竞争结合酶的活性中心，从而阻碍了酶与底物结合，使酶活性下降，这种作用称为竞争性抑制作用。

6. 核酶：核酶是指具有高效、特异催化作用的 RNA。

7. 酶的绝对特异性：有的酶只作用于一种特定的底物，进行一种反应，产生特定的产物，酶的这种特异性称为绝对特异性。

8. 辅基和辅酶：辅基和辅酶属于结合蛋白酶的辅助因子，辅基与酶蛋白结合牢固，不能用透析等物理方法将其分开，而辅酶与酶蛋白结合疏松，用上述方法可将其分开，两者都是酶活性中心的组成部分，但具体作用不同。

9. 酶的变构调节：某些小分子化合物与酶蛋白分子活性中心以外的某一部位特异结合，引起酶蛋白分子构象变化，从而改变酶活性，这种调节称为酶的变构调节。

10. 活化能：在一定温度下，1 摩尔反应物基态（初态）转变成过渡态所需要的自由能称为活化能。

三、简答题

1. 酶蛋白与辅助因子之间存在一定的联系，即一种酶蛋白只能与一种辅助因子结合成一种结合蛋白酶（全酶）；而一种辅助因子则可与不同的酶蛋白结合成多种不同的全酶，催化不同的反应。因此，在酶促反应中，酶蛋白决定酶的特异性，而辅助因子则直接参与反应中电子、质子及多种化学基团的传递过程，决定反应的种类和性质。

2. 磺胺药物能抑制细菌生长，是因为细菌在生长繁殖过程中需要利用对氨基苯甲酸作为底物，在二氢叶酸合成酶的催化下合成二氢叶酸，二氢叶酸是核苷酸合成过程中四氢叶酸的前体。磺胺药物的结构与对氨基苯甲酸相似，可竞争性抑制二氢叶酸合成酶，从而阻碍了二氢叶酸的合成。菌体内二氢叶酸缺乏，导致核苷酸、核酸的合成受阻，从而影响细菌的生长繁殖，起到杀菌的目的。根据竞争性抑制的特点，服用磺胺药物应必须保持血液中药物的高浓度，以发挥其有效的竞争性抑制作用。

3. 大多数维生素 B 族的衍生物是结合蛋白酶的辅酶，它是酶活性中心的组成部分，并具体参加反应。例如维生素PP以NAD^+或$NADP^+$的形式参与氧化脱羧反应。

4.（1）是α-磷酸甘油脱氢酶；

（2）在胞质中进行，辅酶为NAD^+；在线粒体中进行，辅酶为FAD。

5. 竞争性抑制剂是指抑制剂的结构与底物的结构相似，共同竞争酶的活性中心，抑制作用大小与抑制剂和底物相对浓度有关。非竞争性抑制剂的结构与底物的结构不相似或完全不同，它只与活性中心以外的必需基团结合，该抑制作用的强弱只与抑制剂浓度有关。

6. 根据酶对底物结构选择的严格程度不同，酶的特异性可分为三种类型：①绝对特异性是指有的酶只作用于一种特定的底物，进行一种反应，产生特定的产物，这种特异性称为绝对特异性。②相对特异性是指有些酶能够作用于一类化合物或一种化学键，这种不太严格的特异性称为相对特异性。③立体异构特异性是指某些具有立体特异性的酶仅能作用于底物的一种立体异构体，催化特定构型的立体异构体发生反应，这种特异性称为立体异构特异性。

四、论述题

1. 竞争性抑制作用是指有些抑制剂与酶作用的底物结构相似，能和底物竞争结合酶的活性中心，从而阻碍了酶与底物结合，使酶活性下降，这种作用称为竞争性抑制作用。竞争性抑制作用的强弱取决于抑制剂与酶的相对亲和力以及底物与抑制剂浓度的相对比例。K_m↑，V_m不变。非竞争性抑制作用是指抑制剂与底物在结构上一般无相似之处。非竞争性抑制剂并不影响底物与酶的活性中心结合，它是通过与酶活性中心外的必需基团结合来影响酶的活性，该抑制作用的强弱只与抑制剂浓度有关。K_m不变，V_m↓。反竞争性抑制作用是指抑制剂并不直接与酶结合，而是与ES复合物结合成ESI，使酶失去催化活性，ESI同样也不能分解成产物。K_m↓，V_m↓。

2.（1）pH对酶促反应速度的影响：影响酶蛋白、辅酶及底物的解离状态，从而影响酶的催化活性；当酶在最适pH时，酶、底物、辅酶的解离状态最适合相互结合及催化反应，故酶的催化活性最大。

（2）体内大多数酶的最适pH在中性，血液的pH在7.35～7.45，临床上当患者血液的pH小于7.35，或大于7.45时，因偏离体内大多数酶的最适pH，故酶的催化活性下降甚至消失，从而影响体内物质代谢和能量代谢活动，最终导致患者死于酸中毒或碱中毒。

3. K_m是酶的特征性常数之一。当pH、温度、缓冲液的离子强度等因素不变时，K_m值只与酶的性质、酶所催化的底物种类有关，与酶浓度无关。各种同工酶的K_m值不相同。K_m值反映的是当酶促反应速度为最大速度一半时的底物浓度，K_m值可以表示酶与底物亲和力的大小。K_m值愈大，酶与底物的亲和力愈小；反之，K_m值愈小，酶与底物亲和力愈大。由若干酶催化一个连续代谢过程时，其中K_m值最小的那个作用物是酶的最适底物。

4. 温度对酶促反应影响是双重性的：①化学反应的速度随温度的增高而加快。②酶是蛋白质，可随温度的升高而变性。温度较低时，前一影响较大，酶促反应速度随温度的升高而加快。但超过一定数值后，酶受热变性的因素占优势，反应速度反而随温度上升而减慢，当温度上升至一定高度时，酶因热变性失活，酶促反应不能进行。在某一温度下，加快分子的热运动与加快酶变性两种影响处于相对平衡时，即温度既不过高以引起酶的失活，也不过低以延缓反应的进行时，反应进行的速度达到最快。酶促反应速度最大时的温度称为该酶促反应的最适温度。

5. 有些酶在细胞内合成或初分泌时，没有催化活性，这种无活性状态的酶的前身物称酶原。无活性的酶原在一定条件下能转变成有活性的酶的过程称为酶原的激活。酶原的激活实际上是酶活性中心形成或暴露的过程。酶原在体内存在具有重要的生理意义。①酶的安全转运形式：某些消化酶以酶原的形式分泌出来，避免了分泌细胞的自身消化，同时又便于酶原运输到特定部位发挥作用，以保证体内代谢过程的正常进行。②酶的贮存形式：凝血酶原在机体受到创伤时转变为凝血酶发挥作用。

（文朝阳）

第四章 糖代谢

测试题

一、选择题

A 型题

1. 糖酵解途径中催化不可逆反应的酶是
   A. 己糖激酶
   B. 磷酸丙糖异构酶
   C. 醛缩酶
   D. 3-磷酸甘油醛脱氢酶
   E. 乳酸脱氢酶
2. 1分子葡萄糖经酵解可净生成
   A. 1分子 ATP
   B. 2分子 ATP
   C. 3分子 ATP
   D. 4分子 ATP
   E. 5分子 ATP
3. 下列不参与糖酵解的酶是
   A. 6-磷酸果糖激酶-1
   B. 己糖激酶
   C. 磷酸甘油酸激酶
   D. 磷酸烯醇式丙酮酸羧激酶
   E. 丙酮酸激酶
4. 糖酵解途径中提供高能磷酸键使ADP生成ATP的代谢物是
   A. 3-磷酸甘油醛和6-磷酸果糖
   B. 1,3-二磷酸甘油酸和磷酸烯醇式丙酮酸
   C. 3-磷酸甘油酸和丙酮酸
   D. 6-磷酸葡萄糖和2-磷酸甘油酸
   E. 1,6-二磷酸果糖和磷酸二羟丙酮
5. 糖酵解途径中的脱氢反应是
   A. 1,6 二磷酸果糖→3-磷酸甘油醛+磷酸二羟丙酮
   B. 3-磷酸甘油醛→磷酸二羟丙酮
   C. 3-磷酸甘油醛→1,3 二磷酸甘油酸
   D. 1,3 二磷酸甘油酸→3-磷酸甘油酸
   E. 3-磷酸甘油酸→2-磷酸甘油酸
6. 糖原的一个葡萄糖残基经酵解净生成
   A. 1分子 ATP
   B. 2分子 ATP
   C. 3分子 ATP
   D. 4分子 ATP
   E. 5分子 ATP
7. 6-磷酸果糖激酶-1最强的变构激活剂是
   A. AMP
   B. ADP
   C. ATP
   D. 2,6-二磷酸果糖
   E. 1,6-二磷酸果糖
8. 6-磷酸葡萄糖转变为1,6-二磷酸果糖时需要
   A. 磷酸葡萄糖变位酶和磷酸化酶
   B. 磷酸葡萄糖变位酶和醛缩酶
   C. 磷酸己糖异构酶和6-磷酸果糖激酶-1
   D. 磷酸葡萄糖变位酶和6-磷酸果糖激酶-1
   E. 磷酸葡萄糖变位酶和醛缩酶
9. 醛缩酶的底物是
   A. 6-磷酸果糖
   B. 1-磷酸葡萄糖
   C. 6-磷酸葡萄糖

D. 1,6－二磷酸果糖
E. 2－磷酸甘油酸

10. 缺氧情况下，糖酵解途径生成的 $NADH+H^+$ 的去路是
A. 使丙酮酸还原为乳酸
B. 使3－磷酸甘油酸还原为3－磷酸甘油醛
C. 进入呼吸链氧化供能
D. 生成乙酰 CoA
E. 生成1,6－二磷酸果糖

11. 有氧情况下也完全需要糖酵解提供能量的是
A. 成熟红细胞
B. 肌肉
C. 肝
D. 脑
E. 肾

12. 糖酵解的中间产物中有高能磷酸键的是
A. 6－磷酸葡萄糖
B. 6－磷酸果糖
C. 1,6－二磷酸果糖
D. 3－磷酸甘油醛
E. 1,3二磷酸甘油酸

13. 三羧酸循环中不提供氢和电子对的步骤是
A. 柠檬酸→异柠檬酸
B. 异柠檬酸→α－酮戊二酸
C. α－酮戊二酸→琥珀酸
D. 琥珀酸→延胡索酸
E. 苹果酸→草酰乙酸

14. 丙酮酸脱氢酶复合体不包括
A. FAD
B. NAD^+
C. 生物素
D. 辅酶 A
E. 硫辛酸

15. 三羧酸循环第一步的反应产物是
A. 柠檬酸
B. 草酰乙酸
C. 乙酰 CoA
D. CO_2
E. $NADH+H^+$

16. 三羧酸循环最主要的调节酶是
A. 柠檬酸脱氢酶
B. 柠檬酸合酶
C. 苹果酸脱氢酶
D. α-酮戊二酸脱氢酶复合体
E. 异柠檬酸脱氢酶

17. 三羧酸循环中不产生氢的步骤是
A. 柠檬酸→异柠檬酸
B. 异柠檬酸→α－酮戊二酸
C. α－酮戊二酸→琥珀酰 CoA
D. 琥珀酸→延胡索酸
E. 苹果酸→草酰乙酸

18. 三羧酸循环中有底物水平磷酸化的反应是
A. 柠檬酸→α－酮戊二酸
B. α－酮戊二酸→琥珀酰 CoA
C. 琥珀酰 CoA→琥珀酸
D. 延胡索酸→苹果酸
E. 苹果酸→草酰乙酸

19. 1分子乙酰 CoA 经三羧酸循环彻底氧化，脱氢的次数是
A. 2
B. 3
C. 4
D. 5
E. 6

20. 三羧酸循环中，能进行脱羧反应的底物是
A. 柠檬酸和异柠檬酸
B. 柠檬酸和琥珀酸
C. 延胡索酸和草酰乙酸
D. 苹果酸和草酰乙酸
E. 异柠檬酸和α－酮戊二酸

21. 糖有氧氧化中，丙酮酸氧化脱羧的产物是
A. 乙酰 CoA
B. 草酰乙酸

C. 琥珀酸
D. 乳酸
E. 苹果酸

22. 三羧酸循环中，直接以 FAD 为辅酶的酶是
A. 丙酮酸脱氢酶复合体
B. 琥珀酸脱氢酶
C. 异柠檬酸脱氢酶
D. 苹果酸脱氢酶
E. α-酮戊二酸脱氢酶复合体

23. 1 分子乙酰 CoA 经三羧酸循环氧化后的产物是
A. CO_2和 H_2O
B. 草酰乙酸
C. 草酰乙酸、CO_2
D. 草酰乙酸、CO_2和 H_2O
E. 2 分子 CO_2和 4 分子还原当量

24. 关于三羧酸循环的叙述正确的是
A. 每循环 1 次可生成 4 分子 NADH $+H^+$
B. 每循环 1 次可使两个 ADP 磷酸化成 ATP
C. 乙酰 CoA 可经草酰乙酸进行糖异生
D. 丙二酸可抑制延胡索酸转变成苹果酸
E. 琥珀酰 CoA 是 α-酮戊二酸氧化脱羧的产物

25. 1 摩尔丙酮酸在线粒体内氧化成水和 CO_2，可生成 ATP 的摩尔数是
A. 2.5
B. 3
C. 4.5
D. 12
E. 12.5

26. 异柠檬酸脱氢酶的别构抑制剂是
A. ATP
B. NAD^+
C. 柠檬酸
D. 乙酰 CoA
E. 脂肪酸

27. 磷酸戊糖途径的调节酶是
A. 己糖激酶
B. 磷酸葡萄糖变位酶
C. 6-磷酸葡萄糖脱氢酶
D. 6-磷酸葡萄糖酸脱氢酶
E. 磷酸己糖异构酶

28. 脂肪酸、胆固醇合成时的供氢体是
A. $NADH+H^+$
B. $NADPH+H^+$
C. $FADH_2$
D. $FMNH_2$
E. $CoQH_2$

29. 为核苷酸合成提供磷酸戊糖的代谢途径是
A. 糖酵解
B. 糖有氧氧化
C. 糖异生
D. 磷酸戊糖途径
E. 糖原分解

30. 1 分子葡萄糖经磷酸戊糖途径可生成
A. 1 分子 $NADH+H^+$
B. 2 分子 $NADH+H^+$
C. 1 分子 $NADPH+H^+$
D. 2 分子 $NADPH+H^+$
E. 2 分子 CO_2

31. 催化的反应以 $NADPH+H^+$ 为受氢体的酶是
A. 果糖二磷酸酶
B. 3-磷酸甘油醛脱氢酶
C. 6-磷酸葡萄糖酸脱氢酶
D. 醛缩酶
E. 转酮醇酶

32. 下列属于磷酸戊糖途径中间产物的是
A. 丙酮酸
B. 3-磷酸甘油醛
C. 6-磷酸果糖
D. 6-磷酸葡萄糖酸
E. 1,6-二磷酸果糖

33. 使葡萄糖在 6 碳水平实现脱氢脱羧的代谢途径是
A. 糖酵解
B. 糖异生
C. 糖原合成
D. 三羧酸循环
E. 磷酸戊糖途径
34. 磷酸戊糖途径的重要生理功能是生成
A. 6-磷酸葡萄糖和 $NADH+H^+$
B. 磷酸核糖和 $NADPH+H^+$
C. 磷酸核糖和 $FADH_2$
D. 3-磷酸甘油醛和 $NADH+H^+$
E. 6-磷酸葡萄糖酸和 $FADH_2$
35. 蚕豆病患者体内缺乏
A. 内酯酶
B. 磷酸戊糖异构酶
C. 磷酸戊糖差向酶
D. 转酮基酶
E. 6-磷酸葡萄糖脱氢酶
36. 谷胱甘肽还原酶的辅酶是
A. CoASH
B. $NADH+H^+$
C. $NADPH+H^+$
D. $FADH_2$
E. $FMNH_2$
37. 直接参与底物水平磷酸化的酶是
A. 3-磷酸甘油醛脱氢酶
B. α-酮戊二酸脱氢酶复合体
C. 琥珀酸脱氢酶
D. 磷酸甘油酸激酶
E. 6-磷酸葡萄糖脱氢酶
38. 糖原合成的调节酶是
A. 磷酸化酶
B. 糖原合酶
C. 葡萄糖激酶
D. UDPG 焦磷酸化酶
E. 果糖二磷酸酶
39. 糖原合成时葡萄糖的载体是
A. ADP
B. GDP
C. CDP
D. TDP
E. UDP
40. 关于糖原合成的叙述错误的是
A. 糖原合成过程中有焦磷酸生成
B. 分支酶催化 α-1,6-糖苷键的形成
C. 从 1-磷酸葡萄糖合成糖原不消耗高能磷酸键
D. 葡萄糖供体是 UDPG
E. 糖原合酶催化 α-1,4-糖苷键的形成
41. 糖原合成中的分支酶催化
A. α-1,4-糖苷键的形成
B. α-1，6-糖苷键的形成
C. UDPG 的生成
D. 1-磷酸葡萄糖的生成
E. 1-磷酸葡萄糖转变成 6-磷酸葡萄糖
42. 糖原分解的调节酶是
A. 糖原磷酸化酶
B. 磷酸葡萄糖变位酶
C. 丙酮酸激酶
D. 6-磷酸葡萄糖脱氢酶
E. 己糖激酶
43. 糖原分解时，水解 α-1,6-糖苷键的酶是
A. 葡萄糖-6-磷酸酶
B. 磷酸化酶
C. 己糖激酶
D. 分支酶
E. 脱支酶
44. 肌糖原不能分解为葡萄糖，是因为肌肉中不含有
A. 果糖二磷酸酶
B. 葡萄糖激酶
C. 磷酸葡萄糖变位酶
D. 葡萄糖-6-磷酸酶
E. 磷酸己糖异构酶

45. 糖代谢中，催化可逆反应的酶是
A. 糖原磷酸化酶
B. 己糖激酶
C. 果糖二磷酸酶
D. 磷酸甘油酸激酶
E. 丙酮酸激酶
46. 在糖原合成和糖原分解中都起作用的酶是
A. 磷酸葡萄糖变位酶
B. 异构酶
C. 分支酶
D. 焦磷酸化酶
E. 磷酸化酶
47. 与糖异生无关的酶是
A. 醛缩酶
B. 烯醇化酶
C. 果糖二磷酸酶
D. 丙酮酸激酶
E. 磷酸己糖异构酶
48. 在糖酵解和糖异生中都起催化作用的是
A. 丙酮酸激酶
B. 丙酮酸羧化酶
C. 果糖二磷酸酶
D. 己糖激酶
E. 3-磷酸甘油醛脱氢酶
49. 以丙酮酸羧化酶作为调节酶的代谢途径是
A. 糖异生
B. 糖酵解
C. 磷酸戊糖途径
D. 脂肪酸合成
E. 胆固醇合成
50. 能激活丙酮酸羧化酶的物质是
A. 脂肪酰 CoA
B. 磷酸二羟丙酮
C. 异柠檬酸
D. 乙酰 CoA
E. 柠檬酸
51. 丙酮酸羧化酶的辅酶是
A. FAD
B. NAD^+
C. TPP
D. 辅酶 A
E. 生物素
52. 丙酮酸氧化脱羧的酶系存在于细胞的
A. 细胞质
B. 线粒体
C. 溶酶体
D. 微粒体
E. 核蛋白体
53. 三羧酸循环又称为
A. Cori 循环
B. Krebs 循环
C. 羧化支路
D. 苹果酸穿梭
E. 柠檬酸-丙酮酸循环
54. 能抑制糖异生的激素是
A. 肾上腺素
B. 胰岛素
C. 生长素
D. 糖皮质激素
E. 胰高血糖素
55. 糖异生途径中催化 1,6-二磷酸果糖转变为 6-磷酸果糖的酶是
A. 丙酮酸羧化酶
B. 磷酸烯醇式丙酮酸羧激酶
C. 磷酸葡萄糖变位酶
D. 果糖二磷酸酶
E. 葡萄糖-6-磷酸酶
56. 位于糖酵解、糖异生、磷酸戊糖途径、糖原合成和糖原分解各代谢途径交汇点的化合物是
A. 1-磷酸葡萄糖
B. 6-磷酸葡萄糖
C. 1,6-二磷酸果糖
D. 3-磷酸甘油醛
E. 6-磷酸果糖
57. 空腹血糖的正常参考范围是

A. 2.05～5.50mmol/L
B. 3.00～5.50mmol/L
C. 3.61～6.11mmol/L
D. 4.16～6.55mmol/L
E. 7.32～8.89mmol/L

58. 能降低血糖的激素是
A. 肾上腺素
B. 胰高血糖素
C. 胰岛素
D. 生长素
E. 糖皮质激素

59. 关于胰岛素调节糖代谢的叙述错误的是
A. 促进糖异生
B. 促进糖转变为脂肪
C. 增强细胞膜对葡萄糖的通透性
D. 促进糖原合成
E. 增强肝葡萄糖激酶的活性

60. 不能补充血糖的代谢过程是
A. 肝糖原分解
B. 肌糖原分解
C. 食物糖类的消化吸收
D. 糖异生作用
E. 肾小管对原尿中糖的重吸收

B 型题

（1～3 题共用备选答案）
A. 丙酮酸激酶
B. 丙酮酸脱氢酶
C. 丙酮酸羧化酶
D. 苹果酸酶
E. 磷酸烯醇式丙酮酸羧激酶

1. 以生物素为辅酶的是
2. 催化反应时需要 GTP 参与的是
3. 催化反应的底物或产物中均没有 CO_2 的是

（4～6 题共用备选答案）
A. 丙酰 CoA
B. 丙二酰 CoA
C. 丙酮
D. 丙二酸
E. 丙酮酸

4. 属于脂肪酸合成中间产物的是
5. 属于奇数脂肪酸 β-氧化终产物的是
6. 饥饿时偶数碳脂肪酸可转变为

（7～9 题共用备选答案）
A. 甘油
B. α-磷酸甘油
C. 3-磷酸甘油醛
D. 1,3-二磷酸甘油酸
E. 2,3-二磷酸甘油酸

7. 含有高能磷酸键的是
8. 磷酸二羟丙酮的异构体是
9. 能调节血红蛋白与 O_2 亲和力的是

（10～12 题共用备选答案）
A. FMN
B. FAD
C. NAD^+
D. $NADP^+$
E. $NADPH + H^+$

10. 参与乳酸→丙酮酸的物质是
11. 参与琥珀酸→延胡索酸的物质是
12. 参与丙酮酸 + CO_2→苹果酸的物质是

二、名词解释

1. 糖酵解　2. 底物水平磷酸化　3. 糖的有氧氧化　4. 三羧酸循环
5. 糖原合成　6. 肝糖原分解　7. 糖原累积症　8. 糖异生　9. 血糖
10. 乳酸循环

三、简答题

1. 简述B族维生素缺乏对糖代谢的影响。
2. 简述磷酸戊糖途径的生理意义。
3. 简述草酰乙酸在糖代谢中的作用。
4. 糖异生的原料主要有哪些？糖异生有何生理意义？
5. 简述乳酸氧化供能的主要反应及调节酶。
6. 肌糖原为何不能直接补充血糖？肌糖原可通过何种方式转变为血糖？
7. 血糖浓度为什么能保持相对恒定？
8. 哪些情况可以产生糖尿？

四、论述题

1. 糖酵解分几个阶段？糖酵解有何生理意义？
2. 糖有氧氧化分几个阶段？糖有氧氧化有何生理意义？
3. 试述三羧酸循环的主要特点及生理意义。
4. 机体如何对糖原的合成和分解进行调节？
5. 试说明体内丙氨酸异生为葡萄糖的主要反应过程及其酶。
6. 总结6-磷酸葡萄糖的代谢途径及其在糖代谢中的重要作用。
7. 糖代谢过程中生成的丙酮酸可进入哪些代谢途径？

参考答案

一、选择题

A型题

1. A　2. B　3. D　4. B　5. C　6. C　7. D　8. C　9. D
10. A　11. A　12. E　13. A　14. C　15. A　16. E　17. A　18. C
19. C　20. E　21. A　22. B　23. E　24. E　25. E　26. A　27. C
28. B　29. D　30. D　31. C　32. D　33. E　34. B　35. E　36. C
37. D　38. B　39. E　40. C　41. B　42. A　43. E　44. D　45. D
46. A　47. D　48. E　49. A　50. D　51. E　52. B　53. B　54. B
55. D　56. B　57. C　58. C　59. A　60. B

B型题

1. C　2. E　3. A　4. B　5. A　6. C　7. D　8. C　9. E
10. C　11. B　12. E

二、名词解释

1. 糖酵解：在缺氧情况下，葡萄糖生成乳酸的过程，又称糖的无氧氧化。

2. 底物水平磷酸化：ADP或其他核苷二磷酸的磷酸化作用与高能化合物的放能水解作用直接相偶联的反应过程。

3. 糖的有氧氧化：葡萄糖在有氧条件下彻底氧化成水和CO_2，同时释放大量能量的过程。

4. 三羧酸循环：一组循环反应，是大多数活细胞的中心代谢途径的核心。由于此循环的第一个中间产物是含三个羧基的柠檬酸，故称为三羧酸循环，又称柠檬酸循环。

5. 糖原合成：由单糖（主要是葡萄糖）合成糖原的过程，糖原合酶是其主要调节酶。

6. 肝糖原分解：指肝糖原分解为葡萄糖的过程。

7. 糖原累积症：由于先天性缺乏与糖原代谢有关的酶类，使体内某些器官组织中有大量糖原堆积的一类遗传性代谢病。

8. 糖异生：由非糖化合物（乳酸、甘油、生糖氨基酸等）转变为葡萄糖或糖原的过程。

9. 血糖：血液中的葡萄糖。

10. 乳酸循环：肌糖原酵解产生的大部分乳酸经血液运至肝，通过糖异生作用生成肝糖原和葡萄糖。肝将葡萄糖释放入血，葡萄糖又可被肌肉摄取利用，这样构成的循环称为乳酸循环。

三、简答题

1. 丙酮酸脱氢酶复合体包括维生素 B_1、维生素 B_2、维生素 PP、泛酸等 B 族维生素。如果 B 族维生素缺乏，必然会影响丙酮酸脱氢酶复合体的活性，进而影响丙酮酸的氧化脱羧反应。例如当维生素 B_1 缺乏时，体内 TPP 含量减少，丙酮酸氧化脱羧受阻，使糖代谢发生障碍，直接影响能量及 $NADPH+H^+$ 的供应。加之丙酮酸积聚可使细胞受到毒害，导致神经组织传导障碍，甚至发生严重的神经肌肉症状。

2. ①提供 5-磷酸核糖，为体内合成核苷酸及进一步合成核酸提供原料。②此途径生成的 $NADPH+H^+$ 作为供氢体参与体内多种代谢反应。如参与脂肪酸、胆固醇等物质的合成；作为谷胱甘肽还原酶的辅酶，为 G—S—S—G 还原成 G—SH 提供氢原子；参与药物及毒物的生物转化等。

3. 草酰乙酸在葡萄糖的氧化分解及糖异生中起非常重要的作用。①草酰乙酸是三羧酸循环的起始物，糖氧化生成的乙酰 CoA 必须首先与草酰乙酸缩合成柠檬酸，才能彻底氧化。②草酰乙酸作为糖异生的原料，可循糖异生途径异生为糖。③草酰乙酸是糖异生的中间产物。丙酮酸、乳酸及生糖氨基酸等糖异生的原料必须转变为草酰乙酸后再异生成糖。

4. 糖异生的原料主要包括丙酮酸、乳酸、甘油、生糖氨基酸等。

糖异生作用的生理意义是：①在饥饿状态下维持血糖浓度恒定；②补充或恢复肝糖原的储备；③有利于乳酸的利用；④调节机体酸碱平衡。

5. 乳酸经乳酸脱氢酶催化生成丙酮酸和 $NADH+H^+$。丙酮酸经丙酮酸脱氢酶复合体的催化生成乙酰 CoA、$NADH+H^+$ 和 CO_2。乙酰 CoA 进入三羧酸循环经 4 次脱氢、2 次脱羧，生成 3 分子 $NADH+H^+$、1 分子 $FADH_2$ 和 2 分子 CO_2。$NADH+H^+$ 和 $FADH_2$ 通过氧化呼吸链生成大量 ATP。

主要调节酶有：丙酮酸脱氢酶复合体、柠檬酸合酶、异柠檬酸脱氢酶、α-酮戊二酸脱氢酶复合体。

6. 因肌肉缺乏糖原分解所需的葡萄糖-6-磷酸酶，所以肌糖原不能直接分解为葡萄糖而补充血糖。肌糖原分解为 6-磷酸葡萄糖后，经酵解途径产生乳酸。大部分乳酸由血液运至肝脏，通过糖异生作用生成肝糖原或葡萄糖，葡萄糖释放入血可以补充血糖。

7. 血糖浓度的相对恒定依赖于体内血糖的来源和去路之间的动态平衡。

血糖的来源包括：①食物中的糖经消化吸收进入血中；②肝糖原的分解；③糖异生作用；④果糖、半乳糖等其他单糖可转变为葡萄糖。

血糖的去路有：①葡萄糖在组织细胞中氧化分解供能；②葡萄糖在肝、肌肉等组织中合成糖原；③转变为脂肪、非必需氨基酸等非糖物质；④转变为其他糖及其衍生物；⑤当血糖浓度超过了肾糖阈，葡萄糖可从尿中排出。

8. ①生理情况下，如情绪激动或一次性食入大量的糖，血糖急剧升高。当血糖浓度超过肾糖阈时，葡萄糖从尿中排出，可出现糖尿。②持续性高血糖和糖尿主要见于糖尿病患者。③某些肾脏疾患时，肾对糖的重吸收障碍，也可出现糖尿。

四、论述题

1. 糖酵解分为 2 个阶段。第 1 阶段是葡萄糖转变为丙酮酸；第 2 阶段为丙酮酸还原为乳酸。糖酵解最主要的生理意义是迅速为机体提供能量。1 分子葡萄糖经酵解净生成 2 分子 ATP，糖原分子中的 1 分子葡萄糖残基经酵解净生成 3 分子 ATP，这对于某些组织及一些特殊情况下组织的供能有重要的生理意义。如成熟红细胞完全依靠糖酵解获取能量；机体在进行剧烈或长时间运动时，骨骼肌处于相对缺氧状态，所需能量主要通过糖酵解获得；神经、白细胞、骨髓等代谢极为活跃，即使不缺氧也常由糖酵解提供部分能量。

2. 糖有氧氧化分为 3 个阶段。第 1 阶段为葡萄糖经糖酵解途径分解为丙酮酸；第 2 阶段为丙酮酸进入线粒体氧化脱羧生成乙酰 CoA；第 3 阶段为乙酰 CoA 经三羧酸循环彻底氧化。

糖有氧氧化最重要的生理意义是氧化供能。1 分子葡萄糖彻底氧化成 CO_2 和 H_2O 时，净生成 32 或 30 分子 ATP。在一般生理条件下，机体绝大多数组织细胞皆从糖的有氧氧化中获取能量。

3. 三羧酸循环的主要特点为：①三羧酸循环在线粒体内进行，每循环一次消耗掉 1 个乙酰基。②循环中有 4 次脱氢、2 次脱羧及 1 次底物水平磷酸化。③三羧酸循环中有 3 步不可逆反应，催化这 3 步不可逆反应的酶分别是柠檬酸合酶、异柠檬酸脱氢酶、α-酮戊二酸脱氢酶复合体。这 3 种酶即是三羧酸循环的调节酶。④三羧酸循环每循环一次可生成 10 分子 ATP。⑤三羧酸循环的中间产物包括草酰乙酸在内起着催化剂的作用，这些中间产物可因参与其他代谢反应而被消耗，因此需不断被更新和补充。如草酰乙酸的补充主要来自丙酮酸的直接羧化或通过苹果酸脱氢生成。

三羧酸循环的生理意义为：①三羧酸循环是糖、脂、蛋白质三大营养物质分解代谢的共同途径。②三羧酸循环是三大营养物质代谢联系的枢纽。③三羧酸循环可为其他合成代谢提供小分子前体。

4. 糖原合成和分解的调节酶分别是糖原合酶和糖原磷酸化酶。

糖原磷酸化酶有 a、b 两型。磷酸化酶 b 激酶催化磷酸化酶 b 磷酸化为有活性的磷酸化酶 a；磷蛋白磷酸酶则水解磷酸化酶 a 的磷酸基，使其转变为失活的磷酸化酶 b。

糖原合酶亦有 a、b 两型。糖原合酶 b 可经磷酸酶的催化脱去磷酸生成有活性的糖原合酶 a，而糖原合酶 a 经依赖 cAMP 的 PKA 磷酸化生成失活的糖原合酶 b。

蛋白激酶、磷酸化酶 b 激酶等的活性都受同一信号（如肾上腺素）的控制。机体通过同一信号使一种酶处于活性状态，另一种酶处于失活状态，可对糖原分解、合成两条途径进行精细调节。

5.①丙氨酸先经丙氨酸氨基移换酶催化生成丙酮酸。②丙酮酸在线粒体内经丙酮酸羧化酶催化生成草酰乙酸。但草酰乙酸不能通过线粒体内膜，需经苹果酸脱氢酶催化生成苹果酸后到线粒体外。③在胞质中，苹果酸经苹果酸脱氢酶催化再转变为草酰乙酸，后者在磷酸烯醇式丙酮酸羧激酶的催化下，转变为磷酸烯醇式丙酮酸。④磷酸烯醇式丙酮酸循糖酵解的逆反应至转变为1,6-二磷酸果糖。⑤1,6-二磷酸果糖经果糖二磷酸酶催化生成6-磷酸果糖，再经磷酸己糖异构酶的催化转变为6-磷酸葡萄糖。⑥6-磷酸葡萄糖在葡萄糖-6-磷酸酶的催化下生成葡萄糖。

6. 在糖的各种氧化途径中，包括糖酵解、糖的有氧氧化、磷酸戊糖途径、糖原的合成与分解、糖异生途径等均有6-磷酸葡萄糖的生成。①如葡萄糖经己糖激酶（肝内为葡萄糖激酶）催化生成6-磷酸葡萄糖，可进入糖酵解和有氧氧化途径；②糖原分解产生的1-磷酸葡萄糖需转变为6-磷酸葡萄糖后进一步分解；③6-磷酸葡萄糖经变位酶的催化转变为1-磷酸葡萄糖，进而合成糖原；④6-磷酸葡萄糖在6-磷酸葡萄糖脱氢酶的作用下，进入磷酸戊糖途径；⑤非糖物质异生为葡萄糖或糖原时，生成的6-磷酸果糖也需异构为6-磷酸葡萄糖后，再转变为葡萄糖。由此可见，6-磷酸葡萄糖是糖代谢各个途径的交叉点，是各代谢途径的共同的中间产物。如6-磷酸葡萄糖生成减少，上述各代谢途径即不能顺利进行。

7.①在供氧不足时，丙酮酸经乳酸脱氢酶作用还原为乳酸。②在氧供应充足时，丙酮酸进入线粒体，经丙酮酸脱氢酶复合体的催化，氧化脱羧生成乙酰CoA。乙酰CoA进入三羧酸循环，彻底氧化成CO_2和H_2O。循环中产生的还原当量经氧化磷酸化产生大量的ATP。③作为糖异生的原料，丙酮酸可经糖异生途径异生为糖。④在线粒体内，丙酮酸经丙酮酸羧化酶催化生成草酰乙酸，草酰乙酸与乙酰CoA缩合成柠檬酸，可促进乙酰CoA进入三羧酸循环彻底氧化。⑤在④中生成的柠檬酸也可到线粒体外，经柠檬酸裂解酶的催化生成乙酰CoA，乙酰CoA可作为合成脂肪酸、胆固醇的原料。⑥丙酮酸可经还原氨基化生成丙氨酸。

（倪菊华）

第五章　脂质代谢

测 试 题

一、选择题

A 型题

1. 饥饿时人体内的主要供能物质是
   A. 糖
   B. 糖脂
   C. 胆固醇
   D. 脂肪
   E. 磷脂
2. 类脂的主要生理功能
   A. 保护内脏
   B. 构成生物膜
   C. 协助维生素的吸收
   D. 储能供能
   E. 维持体温
3. 贮存的脂肪分解成脂肪酸的过程称为
   A. 脂肪酸的活化
   B. 生成酮体过程
   C. 脂肪的动员
   D. 脂肪酸的β-氧化
   E. 脂肪酸的运输
4. 下列激素能促进脂肪动员，但除外
   A. 胰岛素
   B. 肾上腺素
   C. 胰高血糖素
   D. 促肾上腺皮质激素
   E. 甲状腺素
5. 下列激素具有抗脂解作用的是
   A. 肾上腺素
   B. 胰高血糖素
   C. 促肾上腺皮质激素
   D. 胰岛素
   E. 去甲肾上腺素
6. 脂肪动员的调节酶是
   A. 甘油二酯脂肪酶
   B. 脂蛋白脂肪酶
   C. 肝脂酶
   D. 胰脂酶
   E. 激素敏感性脂肪酶
7. 下列关于脂肪酸活化的叙述不正确的是
   A. 脂酰 CoA 是脂肪酸活化形式
   B. 活化需要 ATP
   C. 活化发生在细胞质
   D. 活化是脂肪酸氧化的必要步骤
   E. 活化发生在线粒体内
8. 长链脂酰 CoA 进入线粒体氧化的限速因素是
   A. 脂酰 CoA 合成酶的活性
   B. 细胞内 ATP 的水平
   C. 脂酰 CoA 脱氢酶的活性
   D. 肉碱脂酰转移酶Ⅰ的活性
   E. 脂酰 CoA 的含量
9. 脂肪酸β-氧化的调节酶是
   A. 肉碱脂酰转移酶Ⅰ
   B. 肉碱脂酰转移酶Ⅱ
   C. 脂酰 CoA 脱氢酶
   D. β-羟脂酰 CoA 脱氢酶
   E. 脂酰 CoA 合成酶
10. 下列关于脂肪酸β-氧化的叙述不正确的是
   A. 脂肪酸需要活化
   B. 脂肪酸β-氧化的调节酶是肉碱脂酰转移酶Ⅰ

C. 线粒体是脂肪酸β-氧化的场所
D. 氧化过程中需要 NADPH 参与
E. 氧化过程中需要 FAD 参与

11. 在脂肪酸β-氧化中，以 FAD 为辅基的酶是
A. 脂酰 CoA 脱氢酶
B. β-羟脂酰 CoA 脱氢酶
C. β-酮脂酰 CoA 脱氢酶
D. α,β-烯脂酰 CoA 脱氢酶
E. α-羟脂酰 CoA 脱氢酶

12. 下列化合物中不参与脂肪酸氧化过程的是
A. 肉碱
B. NAD^+
C. FAD
D. $NADP^+$
E. HSCoA

13. 酮体生成的原料乙酰 CoA 主要来自
A. 由氨基酸转变而来
B. 糖代谢
C. 甘油氧化
D. 脂肪酸的β-氧化
E. 由胆固醇转变而来

14. 脂肪大量动员时肝内生成的乙酰 CoA 主要转变为
A. 酮体
B. 胆固醇
C. 脂肪酸
D. 葡萄糖
E. 丙二酸单酰 CoA

15. 下列关于酮体的叙述错误的是
A. 肝可以生成酮体，但不能氧化酮体
B. 酮体是脂肪酸部分氧化分解的中间产物
C. 合成酮体的起始物质是乙酰 CoA
D. 酮体包括乙酰乙酸，β-羟丁酸和丙酮
E. 机体仅在病理情况下才产生酮体

16. 酮体不能在肝中氧化的主要原因是肝中缺乏
A. HMG-CoA 合酶
B. HMG-CoA 还原酶
C. HMG-CoA 裂解酶
D. 乙酰乙酰 CoA 硫解酶
E. 琥珀酰 CoA 转硫酶

17. 不能氧化利用脂肪酸的组织是
A. 肾
B. 肝
C. 脑组织
D. 心肌
E. 骨骼肌

18. 肝产生过多酮体主要是由于
A. 肝功能障碍
B. 肝中甘油三酯代谢紊乱
C. 酮体是病理性代谢产物
D. 甘油三酯摄入过多
E. 糖供应不足或利用障碍

19. 脂肪酸合成的原料乙酰 CoA 从线粒体转移至细胞质的途径是
A. 三羧酸循环
B. 乳酸循环
C. 糖醛酸循环
D. 柠檬酸-丙酮酸循环
E. 丙氨酸-葡萄糖循环

20. 合成脂肪酸的乙酰 CoA 主要来自
A. 糖的分解代谢
B. 脂肪酸的分解代谢
C. 胆固醇的分解代谢
D. 生糖氨基酸的分解代谢
E. 生酮氨基酸的分解代谢

21. 体内脂肪酸合成的主要原料是
A. NADPH 和乙酰 CoA
B. NADH 和乙酰 CoA
C. NADPH 和丙二酰 CoA
D. NADPH 和乙酰乙酸
E. NADH 和丙二酰 CoA

22. 脂肪酸合成的调节酶是
A. 乙酰 CoA 羧化酶
B. 脂酰 CoA 合成酶

C. 肉碱脂酰转移酶Ⅰ

D. 肉碱脂酰转移酶Ⅱ

E. HMG-CoA 合酶

23. 胞质中脂肪酸合成酶系催化合成的脂肪酸碳链最长至

A. 12 碳

B. 14 碳

C. 16 碳

D. 18 碳

E. 20 碳

24. 乙酰 CoA 羧化形成丙二酰 CoA 需要的辅助因子是

A. 四氢叶酸

B. 辅酶 A

C. 维生素 B_2

D. 焦磷酸硫胺素

E. 生物素

25. 大肠埃希菌脂肪酸合成过程中，脂酰基的载体是

A. HSCoA

B. 肉碱

C. ACP

D. 丙二酰 CoA

E. 草酸乙酸

26. 下列化合物中与甘油三酯合成无关的是

A. α-磷酸甘油

B. 磷脂酸

C. 脂酰 CoA

D. 甘油二酯

E. CDP-甘油二酯

27. 合成脑磷脂时需要的氨基酸是

A. 赖氨酸

B. 半胱氨酸

C. 丝氨酸

D. 谷氨酸

E. 酪氨酸

28. 导致脂肪肝的主要原因是

A. 肝内脂肪合成过多

B. 肝内脂肪分解过多

C. 肝内脂肪运出障碍

D. 食入脂肪过多

E. 食入糖类过多

29. 体内合成胆固醇的主要原料是

A. 乙酰乙酰 CoA

B. 乙酰 CoA

C. 苹果酸

D. 丙酮酸

E. α-磷酸甘油

30. 细胞内催化脂酰基转移至胆固醇生成胆固醇酯的酶是

A. LCAT

B. ACAT

C. CATⅠ

D. CATⅡ

E. LDH

31. 胆固醇在体内代谢的主要去路是转变成

A. 胆固醇酯

B. 胆汁酸

C. 类固醇激素

D. 维生素 D_3

E. 胆红素

32. 胆固醇不能转化成

A. 胆汁酸

B. 维生素 D_3

C. 睾酮

D. 雌二醇

E. 胆红素

33. 能激活血浆中 LCAT 的载脂蛋白是

A. ApoAⅠ

B. ApoAⅡ

C. ApoB

D. ApoC

E. ApoE

34. 下列关于载脂蛋白功能的叙述错误的是

A. 与脂类结合，在血浆中转运脂类

B. ApoAⅠ能激活 LCAT

C. $ApoB_{100}$能辨认细胞膜上的 LDL

受体

D. ApoCⅢ能激活脂蛋白脂肪酶

E. ApoCⅡ能激活 LPL

35. 含有 $ApoB_{48}$的脂蛋白是

A. CM

B. VLDL

C. IDL

D. LDL

E. HDL

36. 电泳法分离血浆脂蛋白时，从负极到正极依次排列的顺序是

A. VLDL→LDL→HDL→CM

B. LDL→HDL→VLDL→CM

C. HDL→VLDL→LDL→CM

D. CM→LDL→VLDL→HDL

E. HDL→LDL→VLDL→CM

37. 与前β-脂蛋白相对应的脂蛋白是

A. CM

B. VLDL

C. IDL

D. LDL

E. HDL

38. 下列血浆脂蛋白密度由高到低的正确顺序是

A. VLDL、IDL、LDL、CM

B. CM、VLDL、IDL、LDL

C. HDL、LDL、VLDL、CM

D. VLDL、LDL、IDL 、CM

E. LDL、IDL、VLDL、CM

39. 具有抗动脉粥样硬化作用的是

A. CM

B. VLDL

C. IDL

D. LDL

E. HDL

B 型题

（1～3 题共用备选答案）

A. CDP-胆碱

B. 乙酰 CoA

C. NADPH

D. 肉碱

E. 脂酰 CoA

1. 合成酮体、胆固醇、脂肪酸的共同原料是
2. 能进行β-氧化的是
3. 磷脂酰胆碱合成需要的是

（4～6 题共用备选答案）

A. 乙酰 CoA 羧化酶

B. HMG-CoA 合酶

C. 甘油三酯脂肪酶

D. HMG-CoA 还原酶

E. HMG-CoA 裂解酶

4. 酮体合成的调节酶
5. 胆固醇合成的调节酶
6. 辅酶为生物素的酶是

（7～9 题共用备选答案）

A. 运送内源性甘油三酯

B. 运送内源性胆固醇

C. 运送外源性甘油三酯

D. 蛋白质含量最高

E. 与冠状动脉粥样硬化的发生率呈负相关

7. CM
8. LDL
9. VLDL

二、名词解释

1. 酮体　2. 脂肪酸的β-氧化　3. 必需脂肪酸　4. 脂肪动员
5. 脂肪酸的活化　6. 血脂　7. 载脂蛋白　8. 胆固醇的逆向转运
9. 高脂蛋白血症　10. 激素敏感性脂肪酶　11. 脂解激素　12. 抗脂解激素

三、简答题

1. 简述脂类的生理功能。
2. 血脂包括哪些主要成分？有哪些来源与去路？
3. 简述血浆脂蛋白的基本结构特征和主要功能。

四、论述题

1. 试述体内饱和脂肪酸氧化的部位、基本过程、调节酶及软脂酸彻底氧化的能量计算。
2. 试述酮体的生成和利用基本过程以及酮体生成的生理意义。
3. 试述糖尿病、酮症、酸中毒的关系。
4. 试述体内胆固醇的来源和代谢转变。
5. 高脂血症者为什么应控制糖类食物的摄入？
6. 磷脂合成障碍为什么会导致脂肪肝？如何防治？

参考答案

一、选择题

A 型题

1. D	2. B	3. C	4. A	5. D	6. E	7. E	8. D	9. A
10. D	11. A	12. D	13. D	14. A	15. E	16. E	17. C	18. E
19. D	20. A	21. A	22. A	23. C	24. E	25. C	26. E	27. C
28. C	29. B	30. B	31. B	32. E	33. A	34. D	35. A	36. D
37. B	38. C	39. E						

B 型题

1. B	2. E	3. A	4. B	5. D	6. A	7. C	8. B	9. A

二、名词解释

1. 酮体：乙酰乙酸、β-羟丁酸和丙酮，三者统称为酮体。酮体是脂肪酸在肝正常代谢的中间产物，是肝输出脂肪酸类能源物质的一种形式。

2. 脂肪酸的β-氧化：在线粒体基质中，脂酰 CoA 在脂肪酸β-氧化酶系催化下，从脂酰基的β-碳原子开始，经过脱氢、加水、再脱氢、硫解 4 个连续反应步骤，生成 1 分子乙酰 CoA 和 1 分子比原来少 2 个碳原子的脂酰 CoA。此过程称为脂肪酸的β-氧化。

3. 必需脂肪酸：机体内脂肪酸有饱和脂肪酸和不饱和脂肪酸。多数脂肪酸在人体内能合成，只有不饱和脂肪酸中的亚油酸、亚麻酸和花生四烯酸在体内不能合成，必须从植物油中摄取，这类脂肪酸称为人体必需脂肪酸。

4. 脂肪动员：储存在脂肪组织中的甘油三酯，被脂肪酶逐步水解为游离脂肪酸和甘油，并释放入血以供其他组织氧化利用的过程，称为脂肪动员。

5. 脂肪酸的活化：是指在 ATP、HSCoA、Mg^{2+} 存在下，脂肪酸经脂酰 CoA 合成酶催化，转变为脂酰 CoA 的过程。该反应在胞质中进行。活化生成的脂酰 CoA 含高能硫酯键，且水溶性增加，活性增强。

6. 血脂：血脂是指血清中的脂类，主要包括游离胆固醇（FC）、胆固醇酯（CE）、磷脂（PL）、甘油三酯（TG）、糖脂及游离脂肪酸（FFA）等，其中胆固醇包括 CE 和 FC，称为总胆固醇（TC）。脂类在血浆中均以脂蛋白形式存在。

7. 载脂蛋白：脂蛋白中的蛋白质部分称为载脂蛋白。载脂蛋白构成并稳定脂蛋白的结构，可激活或抑制某些与脂蛋白代谢有关的酶类，以配体形式与脂蛋白受体识别并结合，参与脂蛋白代谢。

8. 胆固醇的逆向转运：HDL 将胆固醇从肝外组织向肝转运的过程称为胆固醇的逆向转运。机体通过此机制，可促进组织细胞内胆固醇的清除，维持细胞内胆固醇量的相对恒定，防止游离胆固醇在动脉壁及其他组织积聚，抑制动脉粥样硬化的发生。

9. 高脂蛋白血症：血浆中一种或几种脂质高于正常参考值上限称为高脂血症，主要表现为 TC 和（或）TG 水平升高。脂类在血浆中均以脂蛋白形式存在，高脂血症是高脂蛋白血症的反映。

10. 激素敏感性脂肪酶：是指存在于脂肪细胞内的甘油三酯脂肪酶，它是脂肪动员的限速酶，因受多种激素调节而得名。胰岛素抑制其活性，肾上腺素、胰高血糖素、促肾上腺皮质激素等增强其活性。

11. 脂解激素：能使甘油三酯脂肪酶活性增高，使脂肪动员加强的激素，称为脂解激素。

12. 抗脂解激素：能使甘油三酯脂肪酶活性降低，抑制脂肪动员的激素，称为抗脂解激素。

三、简答题

1.（1）脂肪的生理功能：①储能与供能；②提供必需脂酸；③保温、保护作用；④促进脂溶性维生素的吸收。

（2）类脂的生理功能：①维持生物膜的正常结构与功能；②转变为多种具有重要生物活性的物质，如胆固醇在体内可转变为胆汁酸、维生素 D_3 和类固醇激素等。③参与脂蛋白的形成。

2. 血脂主要包括甘油三酯、磷脂、胆固醇、胆固醇酯及游离脂酸等。

来源有：①食物中的脂类消化吸收；②体内合成；③脂库动员释放入血。

去路有：①氧化供能；②构成生物膜；③转变为其他物质；④进入脂库储存。

3. 血浆脂蛋白主要由胆固醇、甘油三酯、磷脂和蛋白质等组成。成熟的血浆脂蛋白大致为球形颗粒，甘油三酯和胆固醇酯构成疏水性的核心，具有两亲性的蛋白质、磷脂及游离胆固醇覆盖于脂蛋白的表面，其亲水基团朝外，形成亲水性的外壳。这种结构使脂蛋白能够溶于血浆，运送到全身组织进行代谢。几种主要的血浆脂蛋白有：

（1）乳糜微粒（CM）：颗粒最大，含 TG 最多，达 80%～95%，蛋白质含量最少，为 0.5%～2%，密度最小。其主要生理功能是运输外源性的 TG。

（2）极低密度脂蛋白（VLDL）：是血液中第二种富含 TG 的脂蛋白，为 50%～70%，而磷脂、胆固醇及蛋白质含量均比 CM 多。其主要生理功能是运输内源性 TG。

（3）低密度脂蛋白（LDL）：含胆固醇最多，可达 40%～42%。其功能是将胆固醇转运到外周组织，故血浆中 LDL 增高者易发生动脉粥样硬化。

（4）高密度脂蛋白（HDL）：含蛋白质最多，约 50%，TG 含量最少，颗粒最小，密度最大。HDL 可将胆固醇从肝外组织转运到肝进行代谢，可促进组织细胞内胆固醇的清除，抑制动脉粥样硬化的发生和发展。

四、论述题

1. 部位：机体除脑细胞和成熟红细胞外，大多数组织都能利用脂肪酸氧化供能，但以肝和肌肉组织最为活跃。线粒体是脂肪酸氧化的主要部位。

基本过程：脂肪酸氧化过程可概括为脂肪酸的活化、脂酰 CoA 进入线粒体、β-氧化过程和乙酰 CoA 的彻底氧化 4 个阶段。①脂肪酸的活化-脂酰 CoA 的生成：在 ATP、HSCoA、Mg^{2+}存在下，脂肪酸经脂酰 CoA 合成酶催化，转变为脂酰 CoA。该反应在胞质中进行。②脂酰 CoA 进入线粒体：脂肪酸活化是在胞质中进行的，而催化脂肪酸氧化的酶系又存在于线粒体基质内，因此活化的脂酰 CoA 必须进入线粒体基质才能进行氧化分解。脂酰 CoA 经线粒体膜的肉碱脂酰转移酶Ⅰ（CATⅠ）、转位酶和 CATⅡ的作用，以肉碱为载体，由胞质进入线粒体。③脂肪酸的 β-氧化：脂酰 CoA 在脂肪酸 β-氧化酶系催化下，从脂酰基的 β-碳原子上开始，经脱氢、加水、再脱氢、硫解 4 个连续反应步骤，生成 1 分子乙酰 CoA 和 1 分子比原来少 2 个碳原子的脂酰 CoA。后者再进行又一次 β-氧化，如此反复进行，直至脂酰 CoA 完全氧化为乙酰 CoA。β-氧化的终产物是乙酰 CoA。④乙酰 CoA 的彻底氧化：乙酰 CoA 经三羧酸循环被彻底氧化，生成 CO_2 和 H_2O，并释放能量。

调节酶：CATⅠ是脂肪酸氧化的限速酶，其活性高低控制着脂酰 CoA 进入线粒体氧化的速度。

能量计算：软脂酸是含有 16 个碳原子的饱和脂肪酸，需经 7 次 β-氧化，产生 8 分子乙酰 CoA、7 分子 $FADH_2$ 及 7 分子 $NADH+H^+$。故 1 分子软脂酸彻底氧化共生成 $7\times1.5ATP+7\times2.5ATP+8\times10ATP=108ATP$，减去脂肪酸活化时消耗的 2 分子 ATP，一分子软脂酸彻底氧化净生成 106 分子 ATP。由此可见，脂肪酸是体内重要的能源物质。

2. 乙酰乙酸、β-羟丁酸和丙酮，三者统称为酮体。酮体是脂肪酸在肝内正常代谢的中间产物，是肝输出脂肪酸类能源物质的一种形式。

酮体生成：酮体生成的部位是肝细胞线粒体，合成原料为 β-氧化生成的乙酰 CoA，在调节酶 HMG-CoA 合酶的催化下，经过多个步骤生成。

酮体利用：肝能生成酮体，但缺乏氧化、利用酮体的酶系，故生成的酮体不能在肝中氧化，必须通过细胞膜进入血液循环，运往肝外组织被氧化利用。在肝外组织，乙酰乙酸可在乙酰乙酸硫激酶或琥珀酰 CoA 转硫酶催化下，转变为乙酰乙酰 CoA；然后乙酰乙酰 CoA 在乙酰乙酰 CoA 硫解酶作用下，分解为 2 分子乙酰 CoA，后者进入三羧酸循环被彻底氧化。β-羟丁酸在 β-羟丁酸脱氢酶的催化下，生成乙酰乙酸，再沿上述途径进行氧化。丙酮可经肾、肺排出。

生理意义：酮体是脂肪酸在肝内正常代谢的中间产物，是肝输出脂肪酸类能源物质的一种形式。酮体分子小，易溶于水，能够通过血脑屏障和肌肉等组织毛细血管壁，故正常情况下，肝生成的酮体能迅速被肝外组织摄取利用，使酮体成为肌肉特别是脑组织的重要能源。脑组织不能氧化脂肪酸，却能利用酮体。在长期饥饿及糖供应不足时，酮体将替代葡萄糖成为脑组织的主要能源。

3. 糖尿病时，胰岛素分泌不足或作用低下，而脂解激素的作用占优势，脂肪动员加强，肝中酮体生成增多，超过肝外组织的利用能力，引起血中酮体升高，并随尿排出，引起酮症，由于乙酰乙酸和β-羟丁酸是酸性物质，当其在血中浓度过高时，可导致酸中毒。

4. 来源：人体胆固醇来源有二：一是体内合成，称为内源性胆固醇，正常人50%以上的胆固醇来自机体自身合成。二是从食物中摄取，称为外源性胆固醇，膳食中的胆固醇来自动物性食物，如内脏、奶油、蛋黄及肉类等。植物性食品不含胆固醇。

代谢转变：①转变为胆汁酸是胆固醇在体内的主要代谢去路，是肝清除体内胆固醇的主要方式。②转变为类固醇激素。胆固醇是5种主要的类固醇激素（孕激素、雄激素、雌激素、糖皮质激素和盐皮质激素）的前体。③转变为维生素D_3。皮肤中的胆固醇可被氧化为7-脱氢胆固醇，后者经紫外线照射后转变成维生素D_3。

5. 高脂血症通常又称为高脂蛋白血症。高脂蛋白血症是指血浆中胆固醇（TC）和（或）甘油三酯（TG）水平升高，实际上是血浆中某一类或某几类脂蛋白水平升高的表现。糖摄取过多，可转化成乙酰CoA。一是通过合成甘油三酯贮藏在体内。二是作为合成胆固醇主要原料，增加体内胆固醇含量。

葡萄糖能转变为脂肪。

葡萄糖 → → → 磷酸二羟丙酮 → α-磷酸甘油 ↘

葡萄糖 → → → 丙酮酸 → 乙酰辅酶A → 脂酰辅酶A →甘油三酯

肝能将从肠道吸收的糖合成为甘油三酯，然后以极低密度脂蛋白的形式运送入血，造成内源性高甘油三酯血症。

血浆中的外源性胆固醇主要来自于食物糖，葡萄糖 → → → 丙酮酸 → 乙酰辅酶A→ → →胆固醇，从而造成高胆固醇血症。故高脂血症者应控制糖类食物的摄入。

6. 正常人肝中脂类含量占肝重量的3%～5%，其中甘油三酯约占1/2，若肝中脂类含量超过10%，且主要是甘油三酯堆积，即称脂肪肝。若合成磷脂的原料不足（胆碱缺乏或合成不足），会使肝中磷脂合成减少，导致极低密度脂蛋白合成障碍，使肝细胞内合成的甘油三酯运出困难，同时甘油二酯因磷脂酰胆碱合成减少，转而生成甘油三酯，致使肝细胞内甘油三酯合成增加，从而引起甘油三酯在肝细胞内堆积，造成脂肪肝。此外，高脂、高糖饮食或大量饮酒，致使体内甘油三酯来源过多；肝功能障碍影响低密度脂蛋白合成与释放；均可使肝内甘油三酯堆积形成脂肪肝，长期脂肪肝可致肝硬化。因此，补充磷脂及其与磷脂合成有关的辅助因子（叶酸、VB_{12}、CTP等），控制高脂、高糖等食物的摄入在临床上常用于防治脂肪肝。

（胡玉萍）

第六章 生物氧化

测试题

一、选择题

A 型题

1. 体内 CO_2 的生成是由
   A. 代谢物脱氢产生
   B. 碳原子与氧原子直接化合产生
   C. 有机酸脱羧产生
   D. 碳原子由呼吸链传递给氧生成
   E. 碳酸分解产生
2. 关于生物氧化的特点描述错误的是
   A. 氧化环境温和
   B. 在生物体内进行
   C. 能量逐步释放
   D. 耗氧量、终产物和释放的能量与体外氧化相同
   E. CO_2 是由碳和氢直接与氧结合生成
3. 不属于呼吸链中的递氢体和递电子体的是
   A. FAD
   B. 肉碱
   C. Cyt b
   D. 铁硫蛋白
   E. CoQ
4. 下列物质中不属于高能化合物的是
   A. CTP
   B. AMP
   C. 磷酸肌酸
   D. 乙酰 CoA
   E. 1,3－DPG
5. 呼吸链中能直接将电子传递给氧的物质是
   A. CoQ
   B. Cyt b
   C. 铁硫蛋白
   D. Cyt aa_3
   E. Cyt c
6. 关于 ATP 描述错误的是
   A. 主要在底物水平磷酸化中产生
   B. 是体内主要的直接供能物质
   C. 参与磷酸肌酸的生成过程
   D. 参与多磷酸核苷的生成过程
   E. 是核糖核酸合成的原料之一
7. 各种细胞色素在呼吸链中的排列顺序是
   A. $C \rightarrow C_1 \rightarrow b \rightarrow aa_3 \rightarrow O_2$
   B. $C \rightarrow b_1 \rightarrow C_1 \rightarrow aa_3 \rightarrow O_2$
   C. $b \rightarrow C_1 \rightarrow C \rightarrow aa_3 \rightarrow O_2$
   D. $b \rightarrow C \rightarrow C_1 \rightarrow aa_3 \rightarrow O_2$
   E. $C_1 \rightarrow C \rightarrow b \rightarrow aa_3 \rightarrow O_2$
8. 氧化磷酸化的偶联部位是
   A. $FADH_2 \rightarrow CoQ$
   B. NADH→FMN
   C. Cyt b→Cyt c_1
   D. CoQ→Cyt c
   E. $FMNH_2 \rightarrow CoQ$
9. 下列含有高能磷酸键的化合物是
   A. 1,6－二磷酸果糖
   B. 1,3－二磷酸甘油酸
   C. F－6－P
   D. 乙酰 CoA
   E. 烯醇式丙酮酸
10. CN^-、CO 中毒是由于
    A. 使体内 ATP 生成量增加
    B. 解偶联作用

C. 使 Cyt aa_3 丧失传递电子的能力，呼吸链中断

D. 使 ATP 水解为 ADP 和 Pi 的速度加快

E. 抑制电子传递及 ADP 的磷酸化

11. 人体内各种生命活动所需能量的直接供应体是

A. 葡萄糖

B. 脂酸

C. ATP

D. 磷酸肌酸

E. 氨基酸

12. 细胞质中的 NADH 经 α-磷酸甘油穿梭进入线粒体氧化磷酸化其 P/O 比值为

A. 0.5

B. 1.5

C. 2.5

D. 3.5

E. 4.5

13. 氧化磷酸化进行的部位是

A. 内质网

B. 线粒体

C. 溶酶体

D. 过氧化物酶体

E. 高尔基复合体

14. 不能进行氧化磷酸化的细胞是

A. 成熟红细胞

B. 白细胞

C. 肝细胞

D. 肌细胞

E. 脑细胞

15. 关于呼吸链的描述错误的是

A. 呼吸链由 4 个复合体与泛醌、Cytc 两种游离成分共同组成

B. 呼吸链中的递氢体同时也是递电子体

C. 呼吸链在传递电子的同时伴有 ADP 的磷酸化

D. CN^- 中毒时电子传递链中各组分都处于氧化状态

E. 呼吸链镶嵌在线粒体内膜上

16. P/O 比值是指

A. 每消耗 1 分子氧原子所消耗无机磷的分子数

B. 每消耗 1 原子氧所消耗无机磷的克数

C. 每消耗 1 摩尔氧原子所消耗无机磷的摩尔数

D. 每消耗 1 分子氧原子所消耗无机磷的摩尔数

E. 每消耗 1 克氧原子所消耗无机磷的克数

17. 关于底物水平磷酸化的描述正确的是

A. 底物脱氢时进行磷酸化

B. 生成 ATP 的主要方式

C. 直接将底物分子中的高能磷酸键转移给 ADP 生成 ATP 的方式

D. 只能在细胞质中进行

E. 所有进行底物水平磷酸化的底物都含有高能硫酯键

18. 肌肉中能量贮存的形式是

A. 肌酸

B. 磷酸肌酸

C. ATP

D. GTP

E. 葡萄糖

19. 关于还原当量穿梭的描述错误的是

A. NADH 不能自由通过线粒体内膜

B. NADH 经 α-磷酸甘油穿梭进入线粒体氧化时生成 2 分子 ATP

C. NADH 经苹果酸-天冬氨酸穿梭进入线粒体氧化时生成 2.5 分子 ATP

D. NADH 只能在线粒体中氧化并产生 ATP

E. α-磷酸甘油穿梭主要存在于骨骼肌和脑组织

20. 调节氧化磷酸化速率的重要激素是

A. 胰岛素

B. 肾上腺素
C. 甲状腺素
D. 生长激素
E. 胰高血糖素

21. NAD^+在呼吸链中的作用是
A. 传递 2 个氢原子
B. 传递 1 个氢原子与 1 个电子
C. 传递 2 个氢质子
D. 传递 1 个氢质子与 1 个电子
E. 传递 2 个电子

22. 下列不是琥珀酸氧化呼吸链组成成分的是
A. FMN
B. CoQ
C. 铁硫蛋白
D. Cyt c
E. Cyt b

23. 1 摩尔 $NADH+H^+$ 经呼吸链电子传递可生成的 ATP 数为
A. 1
B. 2
C. 2.5
D. 4
E. 5

24. 关于磷酸肌酸的描述错误的是
A. 肌酸被 ATP 磷酸化为磷酸肌酸
B. 肌酸由肝内合成，供肝外组织利用
C. 磷酸肌酸含有高能磷酸键，为肌肉组织直接提供能量
D. 磷酸肌酸可自发脱去磷酸变为肌酸酐
E. 是肌和脑组织中的能量储存形式

B 型题

（1～4 题共用备选答案）
A. NADH
B. Cyt P_{450}
C. Cyt aa_3
D. CoQ
E. NADPH

1. 属于呼吸链中递电子体的是
2. 既是呼吸链的递氢体，又是递电子体的是
3. 两条呼吸链的汇合点是
4. 能直接将电子传递给氧的是

（5～6 题共用备选答案）
A. ATP
B. CTP
C. 磷酸肌酸
D. 肌酸
E. CO_2和 H_2O

5. 生命活动所需能量的直接供应体是
6. 肌和脑组织中能量的储存形式是

（7～9 题共用备选答案）
A. dATP
B. CTP
C. UTP
D. GTP
E. ADP

7. 糖原合成所需的能源物质是
8. 磷脂合成所需的能源物质是
9. 蛋白质合成所需的能源物质是

（10～12 题共用备选答案）
A. 二硝基苯酚
B. 鱼藤酮
C. CO
D. 寡霉素
E. 铁螯合剂

10. 氧化磷酸化的解偶联剂是
11. 能抑制细胞色素氧化酶的是
12. 同时抑制电子传递和 ADP 磷酸化的是

二、名词解释

1. 呼吸链　2. 氧化磷酸化　3. 高能磷酸化合物　4. 生物氧化
5. 底物水平磷酸化　6. P/O 比值　7. 加单氧酶　8. 超氧化物歧化酶

三、简答题

1. 生物氧化的特点是什么?
2. 氧化磷酸化偶联部位有哪些?
3. 线粒体外氧化体系主要生理作用是什么?

四、论述题

1. 试述呼吸链组成及其排列顺序。
2. 叙述氧化磷酸化的影响因素及作用机制。

参考答案

一、选择题

A 型题

1.C　2.E　3.B　4.B　5.D　6.A　7.C　8.D　9.B
10.C　11.C　12.B　13.B　14.A　15.D　16.C　17.C　18.B
19.B　20.C　21.B　22.A　23.C　24.C

B 型题

1.C　2.A　3.D　4.C　5.A　6.C　7.C　8.B　9.D
10.A　11.C　12.D

二、名词解释

1. 呼吸链是指代谢物脱下的 2H 经过一系列酶和辅酶的传递，最终与氧结合生成水，由于此过程与细胞摄取氧的呼吸过程相关，故称为呼吸链。

2. 代谢物脱下的氢经呼吸链传递给氧生成水，同时使 ADP 磷酸化生成 ATP，这种氧化与磷酸化偶联进行的反应过程称为氧化磷酸化。

3. 含有高能磷酸键的化合物为高能磷酸化合物，包括 ATP、GTP、CTP、磷酸肌酸等。

4. 物质在生物体内的氧化代谢，主要是营养物质氧化分解为 CO_2 和 H_2O，并逐步释放能量产生 ATP 的过程。

5. 细胞内直接将代谢物分子中的能量转移至 ADP（或 GDP）生产 ATP（或 GTP）的过程。

6. 物质氧化时，每消耗 1 摩尔氧原子所消耗的无机磷的摩尔数（或 ADP 的摩尔数），即生产的 ATP 数。

7. 催化氧分子中的一个氧原子加到底物分子上，另一氧原子被氢（$NADPH+H^+$）还原成水，此催化酶称为加单氧酶。

8. 催化超氧阴离子氧化还原反应生产 O_2 和 H_2O_2 的酶。

三、简答题

1. 生物氧化主要特点：①在细胞内温和条件下进行的连续酶促反应过程；②逐步释放能量并伴有 ADP 磷酸化为 ATP；③H_2O 生成是反应中脱下的氢经电子传递链传递与氧结合的结果；④CO_2 是由有机酸脱羧基产生。

2. 根据 P/O 比值和自由能变化的测定，氧化磷酸化的偶联部位分别是 NAD→UQ，Cyt b→Cyt c，Cyt aa_3→O_2。在 NADH 氧化呼吸链存在 3 个偶联部位，琥珀酸氧化呼吸链中存在 2 个偶联部位。

3. 需氧脱氢酶催化某些物质的氧化，并产生 H_2O_2，粒细胞和吞噬细胞中产生的 H_2O_2 可用于杀灭细菌，甲状腺细胞中产生的 H_2O_2 可促进甲状腺素的生成；过氧化氢酶和过氧化物酶可清除 H_2O_2；超氧化物歧化酶清除氧自由基；加单氧酶系，可作用于激素及其他活性物质的代谢和灭活，也作用于某些代谢物、药物、毒物的转化。

四、论述题

1. 呼吸链组成分五大类，即烟酰胺核苷酸类、黄素蛋白类、铁硫蛋白、泛醌和细胞色素类，构成四种复合体（即酶复合体Ⅰ、Ⅱ、Ⅲ、Ⅳ）。其排列顺序：

NADH 氧化呼吸链：SH_2→NAD^+→FMN(Fe-S)→UQ→Cyt b→Cyt c_1→Cyt c→Cyt aa_3→O_2

琥珀酸氧化呼吸链：SH_2→FAD（Fe-S）→UQ→Cyt b→Cyt c_1→Cyt c→Cyt aa_3→O_2

2. 影响氧化磷酸化因素有：①ATP/ADP 比值，比值升高，氧化磷酸化弱；比值下降，氧化磷酸化增强；②甲状腺素，可诱导细胞膜 Na^+-K^+-ATP 酶生成，加速 ATP 水解，氧化磷酸化加快，由此使得耗氧和产热增加，基础代谢率升高；③呼吸链抑制剂，鱼藤酮、抗霉素 A、CO、氰化物等可分别阻断呼吸链的不同环节，使氧化受阻；④解偶联剂，二硝基苯酚可与解偶联蛋白结合，使氧化磷酸化解偶联。

（郑弋萍）

第七章　氨基酸代谢

测试题

一、选择题

A 型题

1. 有关氮平衡的叙述错误的是
   A. 摄入氮主要来源于食物蛋白质
   B. 排出氮主要来源于粪便和尿液中的含氮化合物
   C. 氮平衡实质上是表示每日蛋白质进出人体的量
   D. 氮总平衡多见于健康的成人和儿童
   E. 氮负平衡多见于饥饿、严重烧伤和消耗性疾病等患者
2. 营养必需氨基酸是指
   A. 合成蛋白质的编码氨基酸
   B. 具有营养作用的氨基酸
   C. 体内不能合成，需由食物供给的氨基酸
   D. 生糖兼生酮氨基酸
   E. 合成蛋白质与核苷酸不可缺少的氨基酸
3. 不出现于蛋白质中的氨基酸是
   A. 赖氨酸
   B. 瓜氨酸
   C. 精氨酸
   D. 胱氨酸
   E. 半胱氨酸
4. 食物蛋白质消化的本质是蛋白酶破坏了蛋白质的
   A. 肽键
   B. 氢键
   C. -S-S-键
   D. 酰胺键
   E. 高级结构
5. 激活胰蛋白酶原的物质是
   A. HCl
   B. 胆汁酸
   C. 端肽酶
   D. 肠激酶
   E. 胃蛋白酶
6. 有关蛋白质消化产物吸收的叙述错误的是
   A. 氨基酸及二肽、三肽均可被吸收
   B. 氨基酸的吸收在小肠中进行
   C. 吸收需要葡萄糖
   D. 吸收消耗能量
   E. 吸收需有转运氨基酸的载体
7. 关于腐败作用的叙述错误的是
   A. 主要在大肠进行
   B. 是细菌对蛋白质或蛋白质消化产物的作用
   C. 腐败作用产生的多是有害物质
   D. 进入体内的腐败产物主要在肝解毒
   E. 腐败作用产生的氨过多可透过血脑屏障形成假神经递质
8. 蛋白质在肠中的腐败产物对人体无害的是
   A. 胺
   B. 氨
   C. 酚
   D. 吲哚
   E. 有机酸
9. 关于体内组织蛋白质降解的叙述不正确的是
   A. 每天都有少量组织蛋白质被降解

为氨基酸
B. 被降解蛋白质主要来源于肝、脑和肾组织
C. 不同蛋白质降解速率不同
D. 蛋白质降解速率可随生理需要而调节
E. 细胞内蛋白质降解也依靠蛋白酶和肽酶的水解作用

10. 溶酶体途径降解体内蛋白质的特点是
A. 特异水解蛋白质，对其他生物大分子无水解作用
B. 细胞自噬依赖溶酶体途径，主要水解胞吞蛋白质
C. 溶酶体组织蛋白酶对蛋白质选择性弱
D. 溶酶体组织蛋白酶在弱碱性环境下活性强
E. 需要消耗 ATP

11. 下列有关泛素的叙述不正确的是
A. 泛素的基本组成单位是氨基酸
B. 泛素介导真核细胞异常蛋白质和短寿蛋白降解
C. 泛素与被降解的蛋白质非共价结合
D. 泛素化蛋白质被蛋白酶体识别并降解成短肽和氨基酸
E. 泛素化途径降解蛋白质需要 ATP 参与

12. 氨基酸最主要的生理功能是
A. 合成蛋白质
B. 合成某些含氮化合物
C. 氧化供能
D. 转变为糖
E. 转变为脂肪

13. 氨基酸彻底分解的产物是
A. 尿素、CO_2 和 H_2O
B. 尿酸
C. 胺和 CO_2
D. NH_3 和 CO_2
E. 肌酸和肌酸酐

14. 氨基酸脱氨基的主要方式为
A. 氧化脱氨基
B. 还原脱氨基
C. 水解脱氨基
D. 转氨基
E. 联合脱氨基

15. 经转氨基作用可生成草酸乙酸的氨基酸是
A. 甘氨酸
B. 天冬氨酸
C. 甲硫氨酸
D. 谷氨酸
E. 丙氨酸

16. 转氨基作用可生成谷氨酸的 α-酮酸是
A. 丙酮酸
B. 草酰乙酸
C. 乙酰乙酸
D. α-酮戊二酸
E. 苯丙酮酸

17. 转氨酶的辅酶是
A. 四氢叶酸
B. NAD^+
C. $NADP^+$
D. 磷酸吡哆醛
E. 磷酸吡哆醛或磷酸吡哆胺

18. ALT 活性最高的组织是
A. 肺
B. 血清
C. 心肌
D. 脾
E. 肝

19. 能直接进行氧化脱氨基作用的氨基酸是
A. 甘氨酸
B. 天冬氨酸
C. 谷氨酸
D. 丝氨酸
E. 丙氨酸

20. L-氨基酸氧化酶催化氨基酸脱氨基

的产物是
A. α-酮酸、NH_3、H_2O_2
B. α-酮酸、NH_3、H_2O
C. α-酮酸、NH_3
D. 亚氨基酸、H_2O_2
E. 亚氨基酸、H_2O

21. 仅在肝中合成的化合物是
A. 尿素
B. 糖原
C. 血浆蛋白质
D. 胆固醇
E. 脂肪酸

22. 氨由肌肉组织通过血液向肝进行转运的过程是
A. 三羧酸循环
B. 鸟氨酸循环
C. 丙氨酸-葡萄糖循环
D. 甲硫氨酸循环
E. 丁谷氨酰基循环

23. 氨基酸分解产生的氨在体内储存及运输的主要形式是
A. 尿素
B. 谷氨酸
C. 谷氨酰胺
D. 天冬氨酸
E. 天冬酰胺

24. 下列属于生酮氨基酸的是
A. 亮氨酸
B. 异亮氨酸
C. 苯丙氨酸
D. 谷氨酸
E. 色氨酸

25. 肾中产生的氨主要来自
A. 氨基酸的联合脱氨基作用
B. 谷氨酰胺的水解
C. 氨基酸的氧化脱氨基作用
D. 尿素的水解
E. 嘌呤核苷酸循环

26. 体内氨的主要去路是
A. 随尿排出体外
B. 合成谷氨酰胺
C. 合成营养非必需氨基酸
D. 合成丙氨酸
E. 合成尿素

27. 尿素生成的部位是
A. 肾皮质
B. 肾远曲小管上皮细胞
C. 肝细胞质
D. 肝线粒体与细胞质
E. 肝微粒体与细胞质

28. 下列未直接参与尿素生成过程的物质是
A. NH_3、CO_2
B. 鸟氨酸
C. 赖氨酸
D. 瓜氨酸
E. 精氨酸

29. 关于氨基甲酰磷酸合成酶Ⅰ叙述不正确的是
A. 存在于肝细胞线粒体
B. 变构激活剂为N-乙酰谷氨酸
C. 催化尿素合成的起始反应
D. 消耗ATP
E. 精氨酸可抑制此酶的活性

30. 鸟氨酸循环中，合成尿素的第二分子氨来源于
A. 游离氨
B. 氨基甲酰磷酸
C. 谷氨酰胺
D. 天冬氨酸
E. 天冬酰胺

31. 尿素合成启动后的限速酶是
A. 氨基甲酰磷酸合成酶Ⅰ
B. 氨基甲酰磷酸合成酶Ⅱ
C. 精氨酸代琥珀酸合成酶
D. 精氨酸代琥珀酸裂解酶
E. 精氨酸酶

32. 血氨升高的主要原因是
A. 体内氨基酸分解增加
B. 食物蛋白质摄入过多

C. 肠道氨吸收增加
D. 肝功能障碍
E. 肾功能障碍

33. 关于γ-氨基丁酸的叙述正确的是
A. 是兴奋性神经递质
B. 由谷氨酸脱羧生成
C. 由谷氨酸脱氢酶催化生成
D. 由天冬氨酸脱羧生成
E. 是氨基甲酰磷酸合成酶Ⅰ的变构激活剂

34. 鸟氨酸脱羧生成
A. 尸胺
B. 腐胺
C. 精脒
D. 精胺
E. 乙醇胺

35. 下列属于神经递质的物质是
A. 多巴胺（β-羟酪胺）
B. 苯乙醇胺
C. 腐胺
D. 5-羟色胺
E. 组胺

36. 体内运输一碳单位的载体是
A. 甲硫氨酸
B. 生物素
C. 维生素 B_{12}
D. 叶酸
E. 四氢叶酸

37. 下列**不属于**一碳单位的是
A. CO_2
B. $—CH_3$
C. $—CH_2—$
D. $=CH—$
E. —CHO

38. 甲基的直接供体是
A. N^{10}-甲基四氢叶酸
B. S-腺苷甲硫氨酸
C. 甲硫氨酸
D. 胆碱
E. 肾上腺素

39. 酪氨酸代谢生成的物质**不包括**
A. 苯丙氨酸
B. 黑色素
C. 儿茶酚胺类物质
D. 延胡索酸
E. 乙酰乙酸

40. 下列对巯基酶有保护作用的物质是
A. 活性硫酸根
B. 生物素
C. 泛酸
D. GSH
E. $FADH_2$

B 型题

（1～4 题共用备选答案）
A. 细胞膜
B. 细胞质
C. 细胞核
D. 溶酶体
E. 线粒体

1. 氨基酸吸收载体存在于小肠上皮细胞的部位是
2. 真核细胞降解膜蛋白、长寿命蛋白的部位是
3. 氨基甲酰磷酸合成酶Ⅰ存在的部位是
4. 精氨酸水解产生尿素的反应部位是

（5～7 题共用备选答案）
A. Vit B_2
B. Vit B_{12}
C. Vit PP
D. 磷酸吡哆醛
E. 磷酸吡哆醛或磷酸吡哆胺

5. 氨基酸转氨酶的辅酶是
6. 氨基酸脱羧酶的辅酶是
7. $N^5-CH_3-FH_4$转甲基酶的辅酶是

（8～10 题共用备选答案）
A. 柠檬酸循环
B. γ-谷氨酰基循环

C. 鸟氨酸循环
D. 甲硫氨酸循环
E. 嘌呤核苷酸循环
8. 参与脱氨基作用的是
9. 参与尿素合成的是
10. 参与生成 SAM 提供甲基的是

(11～13 题共用备选答案)
A. 甘氨酸
B. 缬氨酸
C. 酪氨酸
D. 丝氨酸
E. 精氨酸
11. 可在尿素合成过程中生成的是
12. 可在体内合成黑色素的是
13. 分解代谢生成琥珀酰 CoA 进入三羧酸循环的是

(14～16 题共用备选答案)
A. 酪氨酸酶缺陷
B. 二氢叶酸还原酶被抑制
C. 苯丙氨酸羟化酶缺陷
D. 氨甲酰磷酸合酶缺乏
E. 精氨酸代琥珀酸合成酶缺陷
14. 苯丙酮酸尿症是由于
15. 白化病是由于
16. 高同型半胱氨酸血症是由于

(17～20 题共用备选答案)
A. 芳香族氨基酸
B. 支链氨基酸
C. 碱性氨基酸
D. 含硫氨基酸
E. 酸性氨基酸
17. 体内的 HSO_4^- 都是来自
18. 全部为营养必需氨基酸的是
19. 在体内能衍生为儿茶酚胺和黑色素的氨基酸属于
20. 经肠道细菌腐败作用生成尸胺、组胺的氨基酸属于

二、名词解释

1. 氮平衡　2. 蛋白质的互补作用　3. 营养必需氨基酸　4. 外肽酶
5. 蛋白质的腐败作用　6. 蛋白质的泛素化　7. 转氨基作用　8. 联合脱氨基作用
9. 一碳单位

三、简答题

1. 简述体内氨基酸的代谢概况。
2. 简述真核细胞中蛋白质的降解途径和特点。
3. ALT 和 AST 代表什么？两者检测具有何临床意义？
4. 简述血氨的来源与去路。
5. 以丙氨酸为例，写出联合脱氨的反应式，并注明主要酶类名称。
6. 何谓鸟氨酸循环（写出最简化的循环示意图）？有何生理意义？
7. 何谓甲硫氨酸循环？有何生理意义？

四、论述题

1. 请简要说明 1 分子天冬氨酸在肝彻底氧化分解为水、CO_2 和尿素的代谢过程及 ATP 生成数量。

2. 如果你的食物中富含丙氨酸而缺乏天冬氨酸，你会因此出现缺乏天冬氨酸的临床症状吗？为什么？

3. 谷氨酸在体内代谢可生成哪些物质？写出主要反应。

4. 正常人血浆中可以检测到用于合成组织细胞蛋白质的各种氨基酸，但丙氨酸和谷氨酰胺的含量比其他氨基酸明显高很多，请利用你所学的知识解释这一现象。

5. 试从蛋白质和氨基酸代谢角度分析肝性脑病的发病机制。

参考答案

一、选择题

A 型题

1. D	2. C	3. B	4. A	5. D	6. C	7. E	8. E	9. B
10. C	11. C	12. A	13. A	14. E	15. B	16. D	17. E	18. E
19. C	20. A	21. A	22. C	23. C	24. A	25. B	26. E	27. D
28. C	29. E	30. D	31. C	32. D	33. B	34. B	35. D	36. E
37. A	38. B	39. A	40. D					

B 型题

1. A	2. D	3. E	4. B	5. E	6. D	7. B	8. E	9. C
10. D	11. E	12. C	13. B	14. C	15. A	16. B	17. D	18. B
19. A	20. C							

二、名词解释

1. 氮平衡：是指机体摄入氮（食物中的含氮量）与排出氮（粪、尿含氮量）之间的对比关系。

2. 蛋白质的互补作用：几种营养价值较低的蛋白质混合食用，使其必需氨基酸相互补充，以提高其营养价值，此称蛋白质互补作用。

3. 营养必需氨基酸：是指机体需要又不能自身合成，必须由食物摄入的氨基酸，包括苏氨酸、亮氨酸、异亮氨酸、赖氨酸、色氨酸、缬氨酸、苯丙氨酸、甲硫氨酸，共 8 种。

4. 外肽酶：分别从氨基端和羧基端按顺序水解氨基酸的蛋白酶或肽酶，包括氨基肽酶和羧基肽酶。

5. 蛋白质的腐败作用：在肠道中少量未经消化的蛋白质，以及一小部分未被吸收的氨基酸、寡肽等消化产物在肠道细菌的作用下，发生以无氧分解为主要过程的化学变化称为蛋白质的腐败作用。腐败作用的大多数产物对人体有害，如胺类、氨、酚、甲烷、吲哚类、硫化氢等。

6. 蛋白质的泛素化：在蛋白质的降解过程中，泛素通过消耗 ATP 的连续酶促反应与被降解的蛋白质共价结合，称为蛋白质的泛素化。

7. 转氨基作用：在转氨酶催化下，一种氨基酸的 α-氨基转移到另一种 α-酮酸的酮基上，生成相应的氨基酸，原来的氨基酸则转变成相应的 α-酮酸，此过程称转氨基作用。

8. 联合脱氨基作用：转氨酶与 L-谷氨酸脱氢酶联合作用脱去氨基酸的氨基，此过程称联合脱氨基作用。

9. 一碳单位：某些氨基酸在代谢过程中产生的含有一个碳原子的有机基团称一碳单位。如$—CH_3$、$—CH_2—$、$—CH=$、$—CHO$、$—CH=NH$ 等。

三、简答题

1. 分布于体内各处的氨基酸共同构成氨基酸代谢库。氨基酸有 3 个来源：①食物蛋白质消化吸收的氨基酸。②体内组织蛋白质分解产生的氨基酸。③体内合成的非必需氨基酸。氨基酸有 4 个代谢去路：①合成人体组织细胞所需蛋白质是氨基酸代谢主要去路。②脱氨基作用生成 α-酮酸和氨，氨主要在肝生成尿素排泄，α-酮酸可在体内生成糖、酮体或氧化供能，此是氨基酸分解代谢的主要方式。③脱羧基作用生成 CO_2 和胺，许多胺类是生物活性物质如 γ-氨基丁酸、组胺等。④参与其他含氮物如嘌呤、嘧啶等的合成。

体内氨基酸代谢概况也可图示如下：

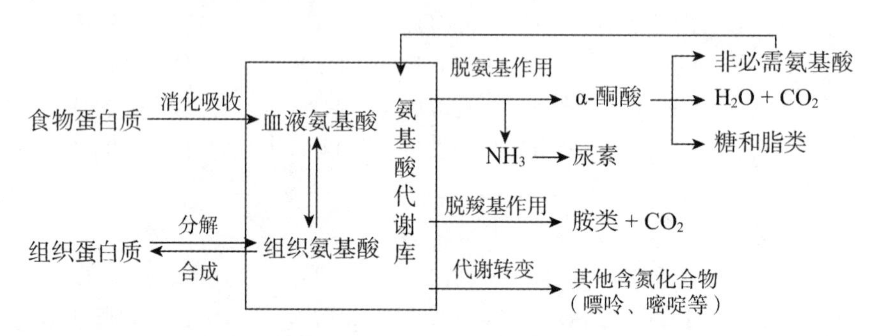

2. 内源性蛋白质的降解途径主要有两条：①不依赖 ATP 的溶酶体途径：该途径主要由溶酶体内酸性组织蛋白酶降解外源性蛋白质、膜蛋白以及半寿期长的蛋白质，对所降解的蛋白质选择性相对较差。②依赖 ATP 的泛素-蛋白酶体途径：该途径主要降解半寿期较短或异常的蛋白质，在胞质中进行。首先泛素与被降解的蛋白质共价结合并形成泛素链。随后，蛋白酶体识别被泛素标记的蛋白质并与之结合，在 ATP 存在下将其水解为氨基酸或短肽。

3. ALT 即丙氨酸转氨酶（又称谷丙转氨酶，GPT），AST 即天冬氨酸转氨酶（又称谷草转氨酶，GOT）。肝组织中 ALT 活性最高，心肌组织中 AST 活性最高。正常情况下，转氨酶主要存在于细胞内。当组织细胞在缺氧或炎症等情况下，由于细胞膜通透性增加或细胞破坏，转氨酶可大量释放入血，导致血清转氨酶活性明显升高。如急性肝炎时血清 ALT 活性增高，心肌梗死时 AST 活性增高。因此，临床上转氨酶活性的测定可作为对某些疾病的诊断、疗效观察以及预后判断的参考指标之一。

4. 血氨的来源有三条：①氨基酸脱氨基作用和胺类物质分解（主要来源）；②肠道腐败作用产生的氨吸收入血；③肾小管上皮细胞谷氨酰胺分解产生的氨（泌氨作用）重吸收。体内氨的去路有三条：①在肝内合成尿素，然后由肾排出（体内氨的主要去路）；②在肾以铵盐形式随尿排出；③合成其他含氮化合物和非必需氨基酸。

5. 丙氨酸联合脱氨基反应：

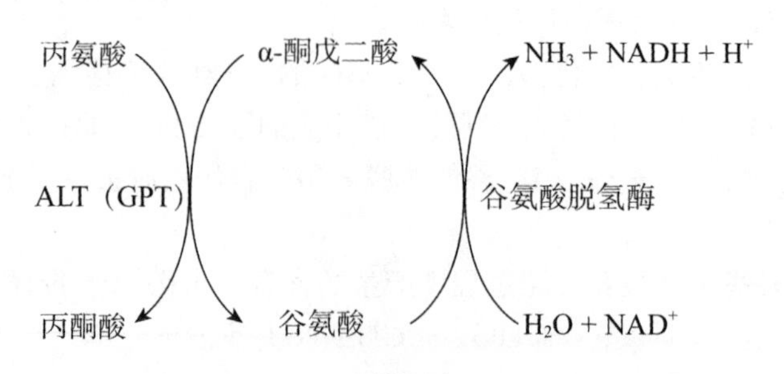

6. 鸟氨酸循环又称尿素循环，是 NH_3 与 CO_2 在肝合成尿素的途径。在该循环中，鸟氨酸首先与 NH_3 和 CO_2 合成瓜氨酸，再结合 NH_3 形成精氨酸，后者在精氨酸酶催化下水解为尿素和鸟氨酸，构成循环式反应。鸟氨酸可反复利用。生理意义：鸟氨酸循环合成尿素是体内清除氨的主要方式。尿素中性、无毒、水溶性强，可经肾从尿中排出。

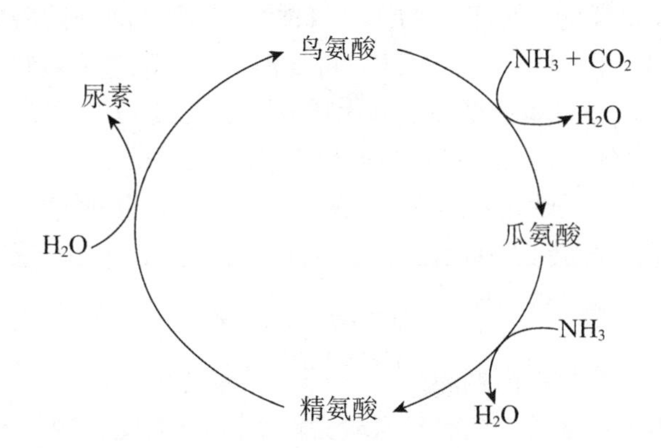

7. 甲硫氨酸循环是指甲硫氨酸在腺苷转移酶的催化下与 ATP 反应，生成 S-腺苷甲硫氨酸（SAM），SAM 提供活泼甲基，转移至其他物质使其甲基化，如生成胆碱、肾上腺素、肉碱等活性物质。SAM 去甲基后生成 S-腺苷同型半胱氨酸。后者再脱去腺苷生成同型半胱氨酸。同型半胱氨酸再接受 N^5-甲基四氢叶酸（$N^5-CH_3-FH_4$）上的甲基，重新生成甲硫氨酸，形成一个循环，此循环称为甲硫氨酸循环。生理意义：①既提供活泼甲基，又减少了必需氨基酸甲硫氨酸的消耗；②$N^5-CH_3-FH_4$ 是体内甲基的间接供体，此循环增加了 FH_4 的利用率。

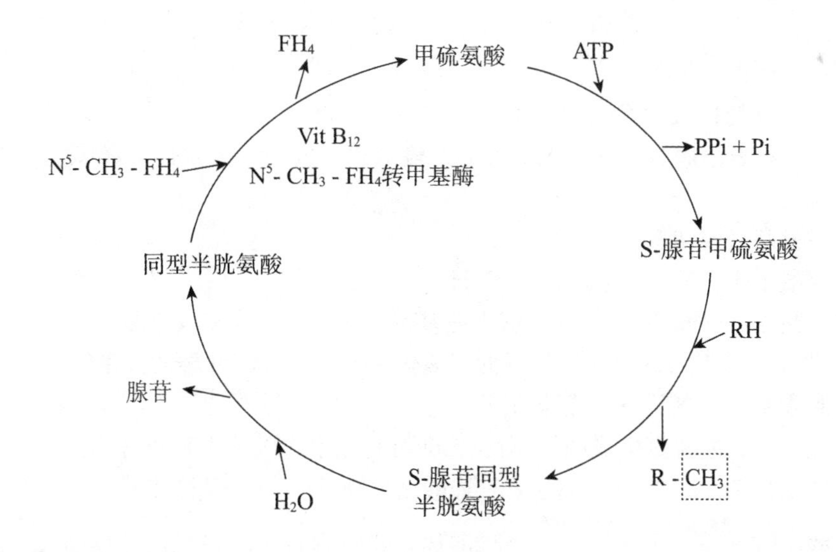

四、论述题

1. 1 分子天冬氨酸在肝彻底氧化分解生成水、CO_2、尿素可净生成 13 分子 ATP。其代谢过程简述如下：天冬氨酸在肝细胞线粒体中经联合脱氨基生成 1 分子 NH_3 和 1 分子草酰乙酸并产生 1 分子 $NADH+H^+$。$NADH+H^+$ 经呼吸链氧化生成 2.5 分子 ATP。1 分子 NH_3 进入鸟氨酸循环，与 CO_2 和 ATP 反应生成氨基甲酰磷酸，并与鸟氨酸进一步缩合成瓜氨酸，此步相当于消耗 2 分子 ATP。随后瓜氨酸转运到细胞质，与来自另 1 分子天冬氨酸的氨基通过精氨酸这一中间产物最终形成 1 分子尿素（此处消耗的 1 分子 ATP 未计算入内）。草酰乙酸在线粒体中需 1 分子 $NADH+H^+$ 还原为苹果酸，苹果酸穿出线粒体在胞质中生成草酰乙酸和 1 分子 $NADH+H^+$（$NADH+H^+$ 在肝细胞中主要通过苹果酸—天冬氨酸穿梭进入线粒体补充消耗的 1 分子 $NADH+H^+$），草酰乙酸→磷酸烯醇式丙酮酸→丙酮酸，分别消耗 1 分 GTP 和产生 1 分子 ATP，可抵消。丙酮酸进入线粒体经丙酮酸脱氢酶催化生成 1 分子乙酰 CoA，经三羧酸循环及氧化呼吸链生成 H_2O 和 CO_2，共可产生 12.5 分子 ATP。所以，1 分子天冬氨酸彻底分解可净产生 12.5＋2.5－2＝13 分子 ATP。

2. 不会。因为天冬氨酸是营养非必需氨基酸，而丙氨酸是生糖氨基酸，可以通过糖代谢和三羧酸循环中间步骤将丙氨酸转变为草酰乙酸，再经转氨基作用生成天冬氨酸。具体反应如下：

①丙氨酸＋α-酮戊二酸 $\xrightarrow{\text{ALT（GPT）}}$ 丙酮酸 ＋谷氨酸

②丙酮酸进入糖代谢途径：丙酮酸 $\xrightarrow{\text{丙酮酸羟化酶}}$ 草酰乙酸

③草酰乙酸转变为天冬氨酸，同时谷氨酸又转变为 α-酮戊二酸

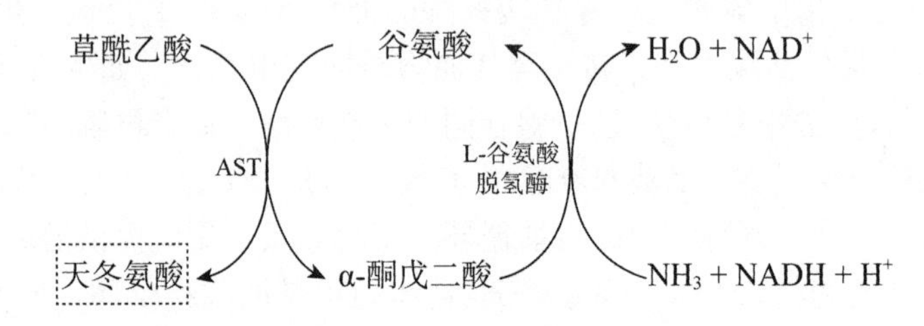

3. 谷氨酸代谢去路有：

（1）合成：

①参与蛋白质生物合成

②合成谷胱甘肽（谷-半胱-甘）

③合成谷氨酰胺（既是氨的储存、运输形式，也是一种非必需氨基酸）

（2）分解：

①脱氨基（或转氨）：

谷氨酸＋ H_2O→α-酮戊二酸＋NH_3

谷氨酸＋α-酮酸→α-酮戊二酸＋氨基酸

α-酮戊二酸进入糖代谢途径可彻底氧化→CO_2、H_2O 并释放大量能量

②脱羧基：谷氨酸→γ-氨基丁酸

（3）转化：谷氨酸脱氨生成的 α-酮戊二酸可转化生成以下多种化合物：

①转变为糖：α-酮戊二酸沿着三羧酸循环顺反应 → 草酰乙酸

草酰乙酸 $\xrightarrow{\text{磷酸烯醇式丙酮酸羧激酶}}$ 磷酸烯醇式丙酮酸→1,6-二磷酸果糖

1,6-二磷酸果糖 $\xrightarrow{\text{果糖二磷酸酶}}$ 6-磷酸果糖→ 6-磷酸葡萄糖

6-磷酸葡萄糖 $\xrightarrow{\text{葡萄糖-6-磷酸酶}}$ 葡萄糖

②转变为脂肪：α-酮戊二酸沿糖异生途径生成磷酸二羟丙酮→磷酸甘油

α-酮戊二酸沿糖氧化途径→草酰乙酸→丙酮酸→乙酰 CoA→脂酰 CoA

磷酸甘油＋3 脂酰 CoA→脂肪

③合成非必需氨基酸等：α-酮戊二酸（5碳酮酸）可经糖氧化途径再衍变生成草酰乙酸（4碳酮酸）、丙酮酸（3碳酮酸）等，以上各种α-酮酸均可经转氨生成相应的非必需氨基酸，如谷氨酸（5碳）、天冬氨酸（4碳）、丙氨酸（3碳）等。

4. 丙氨酸和谷氨酰胺除了作为蛋白质合成的原料外，还是人体各组织细胞氨基酸分解代谢产生的氨以无毒形式运输到肝和肾的重要载体，因此在血浆中含量高。丙氨酸主要转运骨骼肌中产生的氨，氨基酸代谢在骨骼肌中很活跃，约占氨基酸代谢库的50%。骨骼肌中氨基酸将氨基转给丙酮酸生成丙氨酸，后者经血液循环转运至肝，通过联合脱氨基作用释放出氨和丙酮酸，氨用于尿素的合成，丙酮酸经糖异生转变为葡萄糖后再经血液循环转运至肌肉重新分解产生丙酮酸，再接受氨基生成丙氨酸，故称为丙氨酸-葡萄糖循环。谷氨酰胺主要从脑、肌肉等组织向肝或肾运输氨。这些组织存在谷氨酰胺合成酶，可催化氨与谷氨酸合成谷氨酰胺。谷氨酰胺经血液运往肝、肾后，在谷氨酰胺酶作用下水解，释放出氨并生成谷氨酸。谷氨酰胺在脑中固定和转运氨的过程中起主要作用，以降低血氨的浓度。此外，谷氨酰胺还参与嘌呤、嘧啶等核酸物质的合成。氨的最主要去路是在肝合成无毒的尿素，少部分氨直接经肾以铵盐的形式排出体外。

5. 严重肝功能障碍时，尿素合成障碍，血氨浓度升高，称为高氨血症。高氨血症严重者可导致肝性脑病，常见的临床症状包括厌食、呕吐、嗜睡甚至昏迷等。其发生机制可能为，氨进入脑组织可与脑组织中α-酮戊二酸结合生成谷氨酸，并可进一步生成谷氨酰胺，引起脑组织中α-酮戊二酸减少、三羧酸循环减弱，使ATP耗竭，脑功能发生障碍，导致肝性脑病。另一种可能性是谷氨酸、谷氨酰胺增多，渗透压增大引起脑水肿。此外，肠道蛋白质腐败产物吸收后因不能在肝内有效解毒、处理也成为肝性脑病的成因之一，尤其是酪胺和苯乙胺，因肝功能障碍未分解而进入脑组织，可分别羟化后形成多巴胺（β-羟酪胺）和苯乙醇胺，因与儿茶酚胺相似，称假神经递质，可取代正常神经递质儿茶酚胺，但不能传导神经冲动，引起大脑异常抑制，导致肝性脑病。

（王子梅）

第八章　核苷酸代谢

测试题

一、选择题

A 型题

1. 体内进行嘌呤核苷酸从头合成最主要的组织是
   A. 小肠黏膜
   B. 骨髓
   C. 胸腺
   D. 脾
   E. 肝
2. 嘌呤核苷酸从头合成时首先生成的是
   A. GMP
   B. AMP
   C. IMP
   D. ATP
   E. GTP
3. 人体内嘌呤核苷酸分解代谢的主要终产物是
   A. 尿素
   B. 肌酸
   C. 肌酸酐
   D. 尿酸
   E. β-丙氨酸
4. 胸腺嘧啶的甲基来自
   A. $N^{10}-CHO-FH_4$
   B. $N^5,N^{10}=CH-FH_4$
   C. $N^5,N^{10}-CH_2-FH_4$
   D. $N^5-CH_3-FH_4$
   E. $N^5-CH=NH-FH_4$
5. 嘧啶核苷酸生物合成途径主要调节酶是
   A. 二氢乳清酸酶
   B. 乳清酸磷酸核糖转移酶
   C. 二氢乳清酸脱氢酶
   D. 天冬氨酸氨基甲酰转移酶
   E. 胸苷酸合成酶
6. 5-氟尿嘧啶的抗癌作用机制是
   A. 合成错误的 DNA
   B. 抑制尿嘧啶的合成
   C. 抑制胞嘧啶的合成
   D. 抑制胸苷酸的合成
   E. 抑制二氢叶酸还原酶
7. 哺乳类动物体内直接催化尿酸生成的酶是
   A. 核苷磷酸化酶
   B. 鸟嘌呤脱氨酶
   C. 腺苷脱氨酸
   D. 黄嘌呤氧化酶
   E. 尿酸氧化酶
8. 最直接联系核苷酸合成与糖代谢的物质是
   A. 葡萄糖
   B. 6-磷酸葡萄糖
   C. 1-磷酸葡萄糖
   D. 1,6-二磷酸葡萄糖
   E. 5-磷酸核糖
9. 将氨基酸代谢与核苷酸代谢紧密联系起来的是
   A. 磷酸戊糖途径
   B. 三羧酸循环
   C. 一碳单位代谢
   D. 嘌呤核苷酸循环
   E. 鸟氨酸循环
10. HGPRT（次黄嘌呤-鸟嘌呤磷酸核

糖转移酶）参与的代谢途径是
A. 嘌呤核苷酸从头合成
B. 嘌呤核苷酸补救合成
C. 嘌呤核苷酸分解代谢
D. 嘧啶核苷酸从头合成
E. 嘧啶核苷酸补救合成

11. 下列不属于嘌呤核苷酸从头合成直接原料的是
A. 甘氨酸
B. 天冬氨酸
C. 谷氨酸
D. 一碳单位
E. CO_2

12. 直接还原生成脱氧核苷酸的是
A. 核糖
B. 核糖核苷
C. 核苷一磷酸
D. 核苷二磷酸
E. 核苷三磷酸

13. 嘧啶核苷酸合成中，生成氨基甲酰磷酸的部位是
A. 线粒体
B. 微粒体
C. 细胞质
D. 溶酶体
E. 细胞核

14. 氮杂丝氨酸干扰核苷酸合成，是由于其结构类似于
A. 丝氨酸
B. 甘氨酸
C. 天冬氨酸
D. 谷氨酰胺
E. 天冬酰胺

15. 催化 dUMP 转变为 TMP 的酶是
A. 核苷酸还原酶
B. 甲基转移酶
C. 胸苷酸合成酶
D. 核苷酸激酶
E. 脱氧胸苷激酶

16. 下列化合物中作为合成 IMP 和 UMP 共同原料的是
A. 天冬酰胺
B. 磷酸核糖
C. 甘氨酸
D. 甲硫氨酸
E. 一碳单位

17. 脱氧胸腺嘧啶核苷酸合成的直接前体是
A. dUMP
B. dUDP
C. dCMP
D. TMP
E. TDP

18. 能在体内分解产生 β-丙氨酸的核苷酸是
A. XMP
B. AMP
C. TMP
D. UMP
E. IMP

19. 阿糖胞苷抗肿瘤的作用机制是抑制
A. 二氢叶酸还原酶
B. 核糖核苷酸还原酶
C. 二氢乳清酸脱氢酶
D. 胸苷酸合成酶
E. 氨基甲酰基转移酶

20. PRPP 酰胺转移酶活性过高可以导致痛风症，此酶催化的反应是
A. 从 R-5-P 生成 PRPP
B. 从甘氨酸合成嘧啶环
C. 从 PRPP 生成磷酸核糖胺
D. 从 IMP 合成 AMP
E. 从 IMP 生成 GMP

21. 嘧啶核苷酸从头合成的特点是
A. 先合成碱基再合成核苷酸
B. 由 $N^5-CH_3-FH_4$ 提供一碳单位
C. 氨基甲酰磷酸在线粒体合成
D. 甘氨酸完整地参入
E. 谷氨酸提供氮原子

22. 合成时需要谷氨酰胺提供酰胺基的

物质是
A. TMP 上的两个氮原子
B. 嘌呤环上的两个氮原子
C. UMP 的两个氮原子
D. 嘧啶环上的两个氮原子
E. 腺嘌呤上的氨基

23. 嘌呤核苷酸从头合成中嘌呤碱 C_6 来自
A. CO_2
B. 甘氨酸
C. 谷氨酰胺
D. 一碳单位
E. 氨基甲酰磷酸

24. 氨甲碟呤抑制核苷酸合成的反应是
A. 氨基甲酰磷酸的合成
B. PRPP 的合成
C. 二氢叶酸还原成四氢叶酸
D. NDP 还原成 dNDP
E. 核苷酸的补救合成

B 型题

（1～3 题共用备选答案）
A. AMP
B. IMP
C. XMP
D. cAMP
E. PRPP

1. 环腺苷酸的英文缩写是
2. 次黄嘌呤核苷酸的英文缩写是
3. 1-焦磷酸-5-磷酸核糖的英文缩写是

（4～6 题共用备选答案）
A. 氧化磷酸化
B. 底物水平磷酸化
C. 细胞信息传递
D. DNA 的生物合成
E. RNA 的生物合成

4. GDP 参与的反应过程是
5. dGTP 参与的反应过程是
6. cGMP 参与的反应过程是

（7～9 题共用备选答案）
A. 嘌呤核苷酸从头合成
B. 嘌呤核苷酸补救合成
C. 嘌呤核苷酸分解
D. 嘧啶核苷酸从头合成
E. 嘧啶核苷酸分解

7. 一碳单位参与的代谢途径是
8. HGPRT 参与的代谢途径是
9. 黄嘌呤氧化酶参与的代谢途径是

（10～13 题共用备选答案）
A. 嘌呤核苷酸从头合成
B. 脱氧核苷二磷酸的合成
C. 胸腺嘧啶核苷酸的合成
D. 嘧啶核苷酸分解
E. 尿酸生成

10. 氮杂丝氨酸可抑制
11. 5-氟尿嘧啶可抑制
12. 氨甲碟呤可抑制
13. 别嘌呤醇可抑制

（14～16 题共用备选答案）
A. $NADPH+H^+$
B. $N^5-CH_3-FH_4$
C. $N^5-CHO-FH_4$
D. SAM
E. NAD^+

14. 参与胸腺嘧啶核苷酸合成的是
15. 参与嘧啶核苷酸从头合成的是
16. 参与碱基甲基化修饰的是

（17～19 题共用备选答案）
A. Lesch-Nyhan 综合征
B. 乳清酸尿症
C. 苯丙酮酸尿症
D. 痛风症
E. 白化病

17. 嘌呤核苷酸分解加强可导致
18. HGPRT 缺陷可导致
19. 酪氨酸酶缺乏可导致

（20～22题共用备选答案）

A. AMP
B. 嘧啶
C. 叶酸
D. 谷氨酰胺
E. 次黄嘌呤

20. 5－FU的结构类似于
21. MTX的结构类似于
22. 别嘌呤醇的结构类似于

二、名词解释

1. 核苷酸从头合成途径　2. 核苷酸补救合成途径　3. 抗代谢物

三、简答题

1. 核苷酸及其衍生物在代谢中有什么重要性?
2. 简述嘌呤核苷酸与嘧啶核苷酸生物合成的特点及原料来源。
3. 简述嘌呤核苷酸补救合成的意义。
4. 试从合成部位、原料、限速酶、反应过程等方面比较嘌呤核苷酸与嘧啶核苷酸从头合成的异同点。
5. 举例说明各类核苷酸抗代谢物的作用机制。
6. 别嘌呤醇治疗痛风的生化机制是什么?

四、论述题

1. 有一种含核酸保健品声称通过口服核酸可以修复人体的DNA并提高免疫力，你认为可信吗? 为什么?

2. 在鸡蛋、牛奶、鱼虾、各种脏器等高蛋白食物中，哪些是痛风症患者不能大量摄入的? 为什么?

3. 案例分析题:

男性患者，51岁。常出差和旅游，频饮酒。某次出差感受风寒，甚觉旅途劳顿，时感指、趾肿痛，因工作紧张，未作检查。此后，每吃海鲜、饮酒或劳累或受寒时痛感加剧。数月来，关节反复现红、肿、痛等，某日饮酒后，午夜突觉脚趾关节剧痛而惊醒，以右侧第一跖趾关节肿痛为甚，并伴有局部发热来诊。

查体：神志清楚，右侧踝、跟、指及第一跖关节红肿。

实验室检查：血清尿酸0.57mmol/L。

X线：关节非对称性肿胀。

诊断：痛风

分析思考:

（1）患者血清尿酸含量升高的可能因素有哪些?
（2）痛风概况及临床特点是什么?
（3）痛风发病的生物化学机制是什么?

参考答案

一、选择题

A 型题

1. E　2. C　3. D　4. C　5. D　6. D　7. D　8. E　9. C
10. B　11. C　12. D　13. C　14. D　15. C　16. B　17. A　18. D
19. B　20. C　21. A　22. B　23. A　24. C

B 型题

1. D　2. B　3. E　4. B　5. D　6. C　7. A　8. B　9. C
10. A　11. C　12. B　13. E　14. A　15. E　16. D　17. D　18. A
19. E　20. B　21. C　22. E

二、名词解释

1. 核苷酸从头合成途径：是指利用磷酸核糖、氨基酸、一碳单位及 CO_2 等简单物质为原料，经一系列酶促反应合成核苷酸的过程。

2. 核苷酸补救合成途径：是指利用体内游离的碱基或核苷，经过简单的反应合成核苷酸的过程。

3. 抗代谢物：是指嘌呤、嘧啶、叶酸和某些氨基酸的结构类似物进入机体后，通过竞争性抑制或以假乱真等方式干扰或阻断核苷酸的正常合成代谢，从而达到抑制核酸、蛋白质合成以及细胞增殖的作用，这类物质总称为抗代谢物。

三、简答题

1. ①是核酸（DNA、RNA）的组成成分；②ATP 是生物能量代谢中最重要的能量载体，ATP、ADP、AMP 三者之间的转换，对代谢反应起着重要的调节作用，能荷较高时，促进合成代谢，能荷低时促进分解代谢；③环核甘酸（cAMP、cGMP）作为第二信使在代谢及调节生理功能中起着重要作用；④作为某些辅酶的重要成分，如 NAD^+、$NADP^+$、FAD、CoA 等参与氧化还原反应，酰基转移反应等；⑤在生物合成中，参与形成活化原料，如 UDPG、CDP-胆碱等，并在合成反应中提供能量。

2.（1）嘌呤核苷酸合成特点：①不是先形成游离的嘌呤碱，再与核糖、磷酸生成核苷酸，而是直接形成次黄嘌呤核苷酸，再转变为其他嘌呤核苷酸；②合成首先从 5′-磷酸核糖开始，形成 PRPP；③由 PRPP 的 C_1 原子开始先形成咪唑五元环，再形成六元环，生成 IMP。原料来源：CO_2、天冬氨酸、甘氨酸、甲酸、谷氨酰胺。

（2）嘧啶核苷酸合成特点：①先形成嘧啶环，再与磷酸核糖结合，生成尿苷酸，由此转为其他嘧啶核苷酸；②氨甲酰磷酸与 Asp 先形成乳清酸；③乳清酸与 PRPP 结合生成乳清酸核苷酸脱羧后生成 UMP。原料来源：NH_3、CO_2、天冬氨酸。

3. ①补救合成过程简单，耗能少，可节省从头合成的能量和氨基酸；②补救合成是脑和骨髓等组织合成嘌呤核苷酸的唯一途径，有更重要的意义。

4. 见下表：

项目	嘌呤核苷酸从头合成	嘧啶核苷酸从头合成
部位	（除脑、骨髓）细胞质	细胞质
原料	5-磷酸核糖、谷氨酰胺、甘氨酸、天冬氨酸、一碳单位、二氧化碳	5-磷酸核糖、谷氨酰胺、天冬氨酸、二氧化碳
限速酶	PRPP合成酶、PRPP酰胺转移酶	PRPP合成酶、氨基甲酰磷酸合成酶Ⅱ、天冬氨酸氨基甲酰转移酶
过程	在磷酸核糖分子上逐步合成嘌呤环，从而形成嘌呤核苷酸	首先合成嘧啶环再与磷酸核糖结合，形成嘧啶核苷酸

5. 核苷酸的抗代谢物是一些嘌呤、嘧啶、氨基酸或叶酸等的类似物，它们主要以竞争性抑制或以假乱真等方式干扰或阻断核苷酸的正常合成代谢，从而进一步抑制核酸、蛋白质合成以及细胞增殖的作用，在临床上常作为抗肿瘤药物使用。

抗代谢物（抗肿瘤药物）	核苷酸代谢类似物	作用机制
6-巯基嘌呤	次黄嘌呤	抑制IMP转变为AMP和GMP的反应
5-氟尿嘧啶	胸腺嘧啶	抑制胸苷酸合酶
氨甲蝶呤	叶酸	抑制二氢叶酸还原酶
氮杂丝氨酸	谷氨酰胺	干扰谷氨酰胺的作用

6. 痛风是由于尿酸在体内积存过多所形成。尿酸是由嘌呤化合物在体内代谢生成，其中黄嘌呤氧化酶是这一代谢途径的关键酶，它的活性高低控制着尿酸的生成速率。别嘌呤醇是一种黄嘌呤氧化酶抑制剂，它可使该酶活性丧失而不起作用，于是黄嘌呤就不能氧化为尿酸，尿酸生成随之减少，从而使血尿酸下降，高尿酸血症消除。可见，别嘌呤醇治疗痛风的原理是抑制尿酸的生成。

四、论述题

1. （1）世界卫生组织在2000年底发布的《建立世界范围的人类营养需求方案》报告中，列出了人体所需的全部营养物质的名称，包括蛋白质、脂肪、糖类、维生素及微量元素等，其中并无核酸一项。

（2）核苷酸不属于人体必需的营养素，人体自身合成的核苷酸完全能满足人体需要，正常人根本不存在核酸匮乏的问题，无需补充额外的核酸营养液。再者，食物中的动植物核酸进入人体后，并不能被人体直接吸收，而是一步步被彻底分解成核苷、核苷酸等正常人都不缺少的普通小分子，极少能被人体直接利用。假如外源核酸直接进入人体，将会用其他动植物的遗传信息扰乱人体内的遗传信息，导致基因突变，引起机体功能混乱。

（3）至于医学及生物学专家大力研究的“基因疗法”中如何使外来的DNA序列在生物体内按照设想发挥作用，是一个非常尖端的课题，绝不是简单地服用核酸就能做到的。因此，核酸口服液能有利于修补基因、活化细胞功能、增强免疫力、延缓衰老等纯属无稽之谈。

（4）核酸营养品不仅无益，还可能有害。如果人体摄入的核酸过多，将会分解形成过多的核苷酸，进而促使尿酸过量生成，引起痛风。为了防止尿酸生成过多，必须对食物中的核酸量加以限制。

2.（1）在这4类食物中，鸡蛋、牛奶属低嘌呤食物，而各种脏器如肝、肾等及鱼虾（有些淡水鱼含嘌呤较少）属高嘌呤食物，这类高嘌呤食物是痛风症患者不能大量摄入的。

（2）痛风是由于嘌呤代谢异常，导致尿酸在体内蓄积过多所致。患者过多摄入含嘌呤多的食物，这些食物中的嘌呤核苷酸在肠道经消化分解成嘌呤被人体吸收，增加了嘌呤的摄入量。被肠道吸收的嘌呤碱在体内极少被人体利用，而是在体内分解后经肾排出体外。痛风患者多食入高嘌呤食物，会大大增加嘌呤碱在肠道的吸收量，因此进入体内嘌呤增多，分解产生的尿酸也会增多，会加重痛风患者的病情。总之，对痛风患者来讲，应尽量减少动物内脏、鱼虾等高嘌呤食物的摄入。

3.（1）患者血清尿酸含量升高的可能因素有：①遗传因素；②高嘌呤食物如海鲜等长期摄入过多；③过度饮酒。常出差者饮水少和过度疲劳可能为诱发因素。

（2）痛风概况及临床特点是：急性痛风发作时表现为受累关节严重的疼痛、肿胀、红斑、僵硬、发热，且症状发生突然。发作期一般持续数天到1周。一般发病时没有诱因，但可以继发于轻度创伤或是食用富含嘌呤的食物之后。痛风在男性中较为多见，拇趾是最常见的受累区域，50%～70%初次发病发生于此。90%的痛风患者在其一生中的某个时期会发生第一跖趾关节受累。其他可能受累的足部区域有足背部、足跟以及踝部。除了累及关节之外，尿酸结晶还可以沉积在皮下，被称作痛风结节。

（3）痛风发病的生物化学机制是：痛风是由于嘌呤代谢异常，导致尿酸在体内蓄积过多所致。痛风患者多食入高嘌呤食物，会大大增加嘌呤碱在肠道的吸收量，因此进入体内嘌呤增多，分解产生的尿酸也会增多，会加重痛风患者的病情。

（刘观昌）

第九章　物质代谢的联系与调节

测试题

一、选择题

A 型题

1. 下列关于体内物质代谢特点的描述错误的是
   A. 内源性和外源性物质在体内共同参与代谢
   B. 各种物质在代谢过程中是相互联系的
   C. 体内各种物质的分解、合成和转变维持着动态平衡
   D. 物质的代谢速度和方向决定于生理状态的需要
   E. 进入人体的能源物质超过需要，即被氧化分解
2. 关于糖、脂、氨基酸代谢的描述错误的是
   A. 乙酰 CoA 是糖、脂、氨基酸分解代谢共同的中间代谢物
   B. 三羧酸循环是糖、脂、氨基酸分解代谢的最终途径
   C. 当摄入糖量超过体内消耗时，多余的糖可转变为脂肪
   D. 当摄入大量脂类物质时，脂类可大量异生为糖
   E. 糖、脂不能转变为蛋白质
3. 关于变构效应剂与酶结合的叙述正确的是
   A. 与酶活性中心底物结合部位结合
   B. 与酶活性中心催化基因结合
   C. 与调节亚基或调节部位结合
   D. 与酶活性中心外任何部位结合
   E. 通过共价键与酶结合
4. 饥饿可增强的肝内代谢途径是
   A. 磷酸戊糖途径
   B. 糖酵解途径
   C. 糖异生
   D. 糖原合成
   E. 脂肪合成
5. 胞质内不能进行的代谢途径是
   A. 糖酵解
   B. 磷酸戊糖途径
   C. 脂肪酸β-氧化
   D. 脂肪酸合成
   E. 糖原合成与分解
6. 肾上腺素发挥作用时，其第二信使是
   A. cAMP
   B. cGMP
   C. cCMP
   D. cUMP
   E. cTMP
7. 长期饥饿时大脑的主要能量来源是
   A. 葡萄糖
   B. 氨基酸
   C. 甘油
   D. 酮体
   E. 糖原
8. 人体活动主要的直接供能物质是
   A. 葡萄糖
   B. 脂肪酸
   C. ATP
   D. GTP
   E. 磷酸肌酸
9. 作用于细胞内受体的激素是

A. 类固醇激素
B. 儿茶酚胺类激素
C. 生长因子
D. 肽类激素
E. 蛋白类激素

10. 关于酶的化学修饰的描述错误的是
A. 一般都有活性和非活性两种形式
B. 活性和非活性两种形式在不同酶催化下可以互变
C. 催化互变的酶受激素等因素的控制
D. 一般不需消耗能量
E. 磷酸化和去磷酸是最常见的化学修饰方式

11. 酶化学修饰调节的主要方式是
A. 甲基化与去甲基
B. 乙酰化与去乙酰基
C. 磷酸化与去磷酸
D. 聚合与解聚
E. 酶蛋白的合成与降解

12. 当肝细胞内 ATP 供应充分时，下列叙述错误的是
A. 丙酮酸激酶被抑制
B. 磷酸果糖激酶活性受抑制
C. 丙酮酸羧化酶活性受抑制
D. 糖异生增强
E. 三羧酸循环减慢

13. 在胞质内进行的代谢途径是
A. 三羧酸循环
B. 氧化磷酸化
C. 丙酮酸羧化
D. 脂酸 β-氧化
E. 脂酸合成

14. 饥饿时关于体内代谢变化的描述错误的是
A. 胰岛素分泌增加
B. 胰高血糖素分泌增加
C. 脂肪动员加强
D. 酮体生成增加
E. 糖异生加强

15. 关于物质代谢调节酶的叙述错误的是
A. 调节酶常位于代谢途径的第一步反应
B. 调节酶在代谢途径中活性最高，所以才对整个代谢途径的流量起决定作用
C. 调节酶常是变构酶
D. 受激素调节的酶常是调节酶
E. 调节酶常催化单向反应或非平衡反应

16. 关于机体各器官物质代谢的叙述错误的是
A. 肝是机体物质代谢的枢纽
B. 心脏对葡萄糖的分解以有氧氧化为主
C. 通常情况下大脑主要以葡萄糖供能
D. 红细胞所需能量主要来自葡萄糖酵解途径
E. 肝是体内能进行糖异生的唯一器官

17. 关于变构调节的叙述错误的是
A. 变构酶常由二个以上亚基组成
B. 变构调节剂常是些小分子代谢物
C. 变构剂通常与酶活性中心以外的某一特定部位结合
D. 代谢途径的终产物通常是该途径起始反应酶的变构抑制剂
E. 变构调节具有放大效应

18. 关于酶含量调节的叙述错误的是
A. 酶含量调节属细胞水平的调节
B. 酶含量调节属快速调节
C. 底物常可诱导酶的合成
D. 产物常阻遏酶的合成
E. 激素或药物也可诱导某些酶的合成

19. 作用于膜受体的激素是
A. 肾上腺素
B. 雌激素

C. 甲状腺素
D. 孕激素
E. 醛固酮

20. 应激状态关于下列物质改变的描述错误的是
A. 胰高血糖素增加
B. 肾上腺素增加
C. 胰岛素增加
D. 葡萄糖增加
E. 氨基酸增加

21. 下列关于酶的化学修饰调节的叙述错误的是
A. 引起酶蛋白发生共价变化
B. 使酶活性改变
C. 有放大效应
D. 是一种酶促反应
E. 与酶的变构无关

22. 下列关于糖代谢和脂代谢联系的叙述错误的是
A. 糖分解产生的乙酰 CoA 可作为脂酸合成的原料
B. 脂酸合成所需的 NADPH 主要来自磷酸戊糖途径
C. 脂酸分解产生的乙酰 CoA 可经三羧酸循环异生成糖
D. 甘油可异生成糖
E. 脂肪分解代谢的顺利进行有赖于糖代谢的正常进行

23. 三羧酸循环所需草酰乙酸通常来自于
A. 食物直接提供
B. 天冬氨酸脱氨基
C. 苹果酸脱氢
D. 糖代谢丙酮酸羧化
E. 转氨基作用

B 型题

（1～3 题共用备选答案）
A. 肝糖原
B. 脂肪酸
C. 甘油
D. 乳酸
E. 氨基酸

1. 饥饿初期血糖主要来自
2. 饥饿 1～2 天时，糖异生的主要原料是
3. 长期饥饿时肝糖异生的主要原料是

（4～6 题共用备选答案）

从下表选择每种人血指标最接近的浓度（mmol/L）

	葡萄糖	游离脂酸	酮体	氨基酸
正常值	4.5～5.0	0.5～0.7	0.02～0.2	约 4.5
A	2.0	3.0	10.0	5.0
B	4.5	1.5	5.0	4.7
C	12.0	2.0	10.0	4.5
D	4.5	0.5	0.02	4.5
E	4.2	2.0	8.0	3.1

4. 饥饿 4 天者
5. 未控制的糖尿病患者
6. 空腹 12～14 小时的健康成人

二、名词解释

1. 酶的化学修饰　2. 酶的变构调节　3. 细胞膜受体　4. 第二信使
5. 调节酶

三、简答题

1. 比较酶的变构调节和化学修饰调节的异同点。
2. 在体内以乙酰 CoA 为原料可以合成哪些物质？请至少写出 2 种，并写出合成的调节酶。

3. 根据所学的知识，写出体内4个天冬氨酸参与的反应。

四、论述题

1. 请用蛋白激酶A信号通路的知识解释人紧张时血糖有可能短暂升高的原因。

2. 结合葡萄糖、脂酸代谢知识，解释重症糖尿病患者酮体升高的生化机制。

3. 请用糖、脂类和氨基酸代谢之间联系的生化知识解释：①为何过多食入淀粉类食物会使人发胖；②过度节食减肥时脂肪组织和肌肉组织如何分解来维持血糖水平。

参考答案

一、选择题

A型题

1. E　2. D　3. C　4. C　5. C　6. A　7. D　8. C　9. A
10. D　11. C　12. C　13. E　14. A　15. B　16. E　17. E　18. B
19. A　20. C　21. E　22. C　23. D

B型题

1. A　2. E　3. D　4. B　5. C　6. D

二、名词解释

1. 酶的化学修饰：某些酶分子的一些基团，经其他酶催化发生化学改变（共价键的改变），引起酶活性变化。

2. 酶的变构调节：某些物质与酶蛋白特殊部位结合，引起酶的构象变化，从而改变酶活性。

3. 细胞膜受体：位于细胞膜的受体，其配体多为蛋白质、多肽类激素。

4. 第二信使：在激素（第一信使）等作用下，产生的参与细胞内信号转导的小分子，如钙离子、cAMP等。

5. 调节酶：又称限速酶，一般指代谢途径中催化反应速度最慢的酶，它决定整个代谢途径的总速度。

三、简答题

1. 相同点：①都可以改变酶的结构；②都属于酶的快速调节方式。

不同点（见下表）：

	变构调节	化学修饰
在代谢途径中的作用	调节调节酶，改变代谢方向	通过放大效应，改变代谢强度
是否需酶催化	不需要	需要
共价键是否改变	无	有
是否需要能量	不一定需要	需要

2.（1）合成脂肪酸，调节酶：乙酰CoA羧化酶；

（2）合成胆固醇，调节酶：HMG-CoA 还原酶；

（3）合成酮体，调节酶：HMG-CoA 合酶。

3. 转氨基作用；尿素生成；嘧啶核苷酸合成；嘌呤核苷酸合成；蛋白质合成；嘌呤核苷酸循环。

四、论述题

1. 紧张时，体内肾上腺素分泌增加，它通过激活 cAMP－PKA 信号途径来升高血糖。肾上腺素（第一信使）与肝细胞（靶细胞）上相应的膜受体结合，通过 G 蛋白激活腺苷酸环化酶，催化 ATP 生成 cAMP（第二信使）。cAMP 使 PKA 被激活，激活的 PKA 磷酸化磷酸化酶（间接）和糖原合酶。糖原合酶磷酸化后失活而抑制了糖原合成；磷酸化酶磷酸化后被激活，促进糖原分解为葡萄糖，使血糖升高。

2. ①糖尿病患者有糖的利用障碍，脂肪动员、脂酸氧化分解增强，生成乙酰 CoA 增加，酮体合成原料增加。②糖代谢障碍，通过葡萄糖分解产生丙酮酸减少，后者羧化的草酰乙酸减少，乙酰 CoA 进入三羧酸循环受阻，加重乙酰 CoA 大量堆积，酮体生成增多。

3. （1）由于淀粉在体内消化后转变为葡萄糖，而葡萄糖可以转化为脂肪：

①葡萄糖→3-磷酸甘油醛→丙酮酸→乙酰 CoA→脂肪酸；

②葡萄糖→3-磷酸甘油醛（磷酸二羟丙酮）→3-磷酸甘油；

③脂肪酸＋3-磷酸甘油→甘油三酯。

（2）过度节食减肥时脂肪组织（甘油三酯）中的甘油部分可以作为糖异生的原料转化为葡萄糖来补充血糖：甘油→3-磷酸甘油→磷酸二羟丙酮/三磷酸甘油醛→（糖异生途径）葡萄糖。肌肉组织中的蛋白质可以分解为氨基酸，其中的生糖氨基酸，如丙氨酸，可以作为糖异生的原料转化为葡萄糖来补充血糖：丙氨酸→（转氨基）丙酮酸→（糖异生）→葡萄糖。

（王卫平）

第十章　DNA的生物合成

测试题

一、选择题

A型题

1. DNA复制时，不需要的酶是
   A. DNA指导的DNA聚合酶
   B. DNA连接酶
   C. 拓扑异构酶
   D. 解链酶
   E. 限制性内切酶
2. 合成DNA的原料是
   A. dAMP、dGMP、dTMP、dCMP
   B. dATP、dGTP、dTTP、dCTP
   C. dADP、dGDP、dTDP、dCDP
   D. AMP、GMP、TMP、CMP
   E. ATP、GTP、TTP、CTP
3. 下列关于DNA复制的叙述，错误的是
   A. 半保留复制
   B. 两条子链均连续合成
   C. 合成的方向5′→3′
   D. 以四种dNTP为原料
   E. 有DNA连接酶参加
4. DNA复制时，模板序列5′-TAGA-3′，合成子链的序列是
   A. 5′-TCTA-3′
   B. 5′-ATCA-3′
   C. 5′-UCUA-3′
   D. 5′-GCGA-3′
   E. 3′-TCTA-5′
5. DNA复制中的引物是
   A. 由DNA为模板合成的DNA片段
   B. 由RNA为模板合成的DNA片段
   C. 由DNA为模板合成的RNA片段
   D. 由RNA为模板合成的RNA片段
   E. 仍存在于复制完成的DNA链中的DNA片段
6. 关于DNA复制时子链合成的方向的说法，正确的是
   A. 一条链5′→3′，另一条链3′→5′
   B. 两条链均是5′→3′
   C. 两条链均是3′→5′
   D. 两条链均与复制叉前进的方向相反
   E. 两条链均与复制叉前进的方向相同
7. 在DNA复制中RNA引物的作用是
   A. 使DNA聚合酶Ⅲ活化
   B. 使DNA双链解开
   C. 提供5′-P末端作合成新DNA链起点
   D. 提供5′-OH末端作合成新DNA链起点
   E. 提供3′-OH末端作合成新DNA链起点
8. 冈崎片段是指
   A. DNA模板上的DNA片段
   B. 引物酶催化合成的RNA片段
   C. 随从链上合成的DNA片段
   D. 前导链上合成的DNA片段
   E. 由DNA连接酶合成的DNA片段
9. DNA连接酶的作用是
   A. 使DNA形成超螺旋结构
   B. 使双螺旋DNA链缺口的两个末端连接
   C. 合成RNA引物
   D. 将双螺旋解链
   E. 去除引物

10. 复制过程不需要
A. 亲代 DNA
B. 4 种三磷酸脱氧核苷
C. RNA 引物
D. 4 种三磷酸核苷
E. 解链酶

11. 下列关于大肠杆菌 DNA 聚合酶的叙述正确的是
A. 具有 3′→ 5′核酸外切酶活性
B. 不需要引物
C. 需要四种不同的 NTP
D. dUTP 是它的一种作用物
E. 可以将两个 DNA 片段连接起来

12. DNA 复制需要：①DNA 聚合酶，②引物酶，③解链酶，④DNA 拓扑异构酶，⑤DNA 连接酶，其作用的顺序是
A. ①→②→③→④→⑤
B. ③→④→①→②→⑤
C. ④→③→②→①→⑤
D. ②→③→④→①→⑤
E. ③→②→④→①→⑤

13. 与 DNA 修复过程缺陷有关的疾病是
A. 着色性干皮病
B. 黄嘌呤尿症
C. 卟啉病
D. 痛风
E. 黄疸

14. DNA 复制的模板和产物分别是
A. DNA 和 RNA
B. DNA 和 DNA
C. mRNA 和 cDNA
D. RNA 和 DNA
E. mRNA 和蛋白质

15. 关于 DNA 复制中 DNA 连接酶的叙述错误的是
A. 参与领头链的形成
B. 连接反应需要 ATP 参与
C. 催化相邻的 DNA 片段以 3′，5′-磷酸二酯键相连
D. 参与随从链的生成
E. 不能连接单独存在的 DNA 单链或 RNA 单链

16. 关于逆转录过程，下列叙述错误的是
A. 以 RNA 为模板合成 DNA
B. RNA-DNA 杂交分子是其中间产物
C. 链的延长方向是 3′→5′
D. 底物是四种 dNTP
E. 遵守碱基配对规律

17. 关于 DNA 的半不连续合成，错误的说法是
A. 前导链是连续合成的
B. 随从链是不连续合成的
C. 不连续合成的片段为冈崎片段
D. 前导链和随从链中，均有一半是不连续合成的
E. 随从链的合成迟于前导链的合成

18. 关于 DNA 复制中 DNA 聚合酶的错误说法是
A. 底物是 dNTP
B. 必须有 DNA 为模板
C. 合成方向是 5′→3′
D. 需要 Mg^{2+} 参与
E. 使 DNA 双链解开

19. 在 DNA 生物合成中，具有催化 RNA 指导的 DNA 聚合反应，RNA 水解及 DNA 指导的 DNA 聚合反应三种功能的酶是
A. DNA 聚合酶
B. RNA 聚合酶
C. 逆转录酶
D. DNA 水解酶
E. 连接酶

20. 端粒酶是一种
A. DNA 指导的 DNA 聚合酶
B. RNA 聚合酶
C. 逆转录酶
D. DNA 水解酶
E. 核酸酶

21. 生物遗传信息传递的中心法则中不

包括
A. DNA→DNA
B. DNA→RNA
C. RNA→DNA
D. RNA→RNA
E. 蛋白质→RNA

22. 嘧啶二聚体的解聚方式依赖
A. SOS修复
B. 重组修复
C. 原核生物的切除修复
D. 真核生物的切除修复
E. 光修复酶的作用

23. DNA复制之初，参与解开DNA双股链的酶或因子是
A. 解链酶
B. 拓扑异构酶
C. 单链DNA结合蛋白
D. DNA聚合酶
E. 引物酶

B型题

（1～3题共用备选答案）
A. DNA的全保留复制
B. DNA的半不连续复制
C. 逆转录作用
D. DNA的半保留复制
E. DNA的全不连续复制

1. DNA复制时合成的两条新链，一条是前导链，另一条是由冈崎片段连接的随从链，这种方式称为
2. 以RNA为模板指导合成DNA的过程是
3. DNA复制的主要方式是

（4～6题共用备选答案）
A. 甲基转移酶
B. DNA连接酶
C. 引物酶
D. DNA Pol Ⅰ
E. 末端转移酶

4. 在DNA复制中有校读功能的酶是
5. 催化DNA中相邻的5′磷酸基和3′羟基形成磷酸二酯键的酶是
6. 在DNA复制中，催化合成引物的酶是

二、名词解释

1. DNA的半保留复制　2. 复制叉　3. 逆转录　4. 框移突变　5. 冈崎片段

三、简答题

1. 简述参与DNA复制的酶与蛋白因子，以及它们在复制中的作用。
2. 解释遗传相对稳定性和变异的生物学意义及分子生物学基础。

四、论述题

1. 讨论DNA复制的主要步骤及其特点。
2. 结合逆转录作用，讨论RNA病毒致癌的分子机制。

参考答案

一、选择题

A型题

1. E　2. B　3. B　4. A　5. C　6. B　7. E　8. C　9. B

10. D　11. A　12. C　13. A　14. B　15. A　16. C　17. D　18. E
19. C　20. C　21. E　22. E　23. A

B型题

1. B　2. C　3. D　4. D　5. B　6. C

二、名词解释

1. DNA复制时，亲代DNA解开成两股单链，各自作为模板按照碱基配对原则合成子代DNA。在合成的DNA双链中，一条链来自于亲代DNA，另一条链为新合成，这种复制方式称为DNA的半保留复制。

2. 复制叉：DNA复制时，DNA双链解开分成两股单链，各自作为模板，子链沿模板延长所形成的“Y”字结构。

3. 以RNA为模板合成DNA，称为逆（反）转录过程。

4. 框移突变：DNA复制时，如发生缺失或插入突变，以致改变三联体密码的“阅读”方式，使合成蛋白质的结构发生改变。

5. DNA复制过程中随从链上合成的不连续片段，称为冈崎片段。

三、简答题

1. 将参与DNA复制的酶与蛋白因子及其作用归纳如下：

酶或因子	作用
DNA拓扑异构酶	松弛DNA超螺旋结构
解链酶	解开DNA双链的酶
单链DNA结合蛋白	维持模板处于单链状态并保护单链的完整
引物酶	合成RNA引物
DNA聚合酶	催化四种脱氧核糖核苷酸通过与模板碱基互补配对依次聚合，合成新的DNA链
RNA酶	水解RNA引物
DNA连接酶	连接随从链上相邻的冈崎片段

2. 遗传的相对稳定性的分子生物学基础是：DNA双螺旋结构、DNA的半保留复制机制，复制中一些酶发挥即时校读和对配对的碱基进行选择功能，从而保证DNA复制过程十分准确地进行，保证了物种的正确繁衍。虽然体内有一系列的机制确保复制的保真性，但DNA也会发生自发突变，其概率约为10^{-10}，变异是物种进化和分化的基础。

四、论述题

1. （1）起始：①解链与螺旋构象变化：DNA复制是从特定的复制起点（origin）开始的，首先需在拓扑异构酶和解链酶的作用下，松弛DNA超螺旋结构，解开一段双链，并由DNA单链结合蛋白保护和稳定DNA单链。

②引物RNA的合成：两股单链暴露出足够数量碱基对，引物酶能识别起始部位，以解开的一段DNA链为模板，按碱基配对规律，合成了引物RNA。

（2）DNA链的延长：引物合成后，在DNA聚合酶的作用下以DNA为模板，按碱基配对规律，在引物 3′-OH 末端，依次聚合四种脱氧核糖核苷酸，合成子代 DNA 链。子链延伸的方向为 5′→3′。在两条新生的子链中，一条链是连续合成的，称为前导链；另一股链是不连续合成的，称为随从链。随从链上生成的不连续的片段为冈崎片段。

(3) 终止：①RNA 引物的水解：DNA 片段合成至一定长度后，子链中的 RNA 引物即被 RNA 酶水解而切掉。

②填补空隙连接冈崎片段：引物水解后随从链上冈崎片段，要在 DNA 聚合酶Ⅰ和 DNA 连接酶作用下连接起来，形成大分子 DNA 链。

2. 以 RNA 为模板合成 DNA 的过程，称为逆（反）转录。某些致癌的 RNA 病毒就属于逆转录病毒，其致癌的分子机制为：病毒的 RNA 在逆转录酶作用下通过逆转录形成与此 RNA 互补的 DNA 链，即形成 RNA-DNA 杂交分子；随后逆转录酶水解杂交分子中 RNA 部分；然后以此单链 DNA 为模板合成另一条互补 DNA 链，即形成双链 DNA 分子，新生成的 DNA 分子中保持原有 RNA 的信息，原来的 RNA 链被核酸酶水解。如此形成的双链互补 DNA 分子可以整合到宿主细胞染色体的基因组中，导致宿主 DNA 结构变化，可使宿主细胞发生癌变。

（邓秀玲　扈瑞平）

第十一章 RNA 的生物合成

测试题

一、选择题

A 型题

1. 原核生物合成 RNA 时识别转录起点是
   A. σ 因子
   B. 核心酶
   C. ρ 因子
   D. RNA 聚合酶的 α 亚基
   E. RNA 聚合酶的 β 亚基
2. 对于原核 RNA 聚合酶的叙述，不正确的是
   A. 由核心酶和 σ 因子构成
   B. 核心酶由 α_2、β、$\beta'\omega$ 组成
   C. 全酶与核心酶的差别在于 β 亚单位的存在
   D. 全酶包括 σ 因子
   E. σ 因子仅与转录启动有关
3. 对于 RNA 剪接作用的描述正确的是
   A. 仅在真核发生
   B. 仅在原核发生
   C. 真核原核均可发生
   D. 仅在 rRNA 发生
   E. 与转录反应同时进行
4. 体内核糖核苷酸链合成的方向是
   A. $3'\to5'$
   B. C→N
   C. N→C
   D. $5'\to3'$
   E. 既可自 $3'\to5'$，也可自 $5'\to3'$
5. 原核生物转录作用生成的 mRNA 是
   A. 内含子
   B. 单顺反子
   C. 多顺反子
   D. 间隔区序列
   E. 插入子
6. 以下反应属于 RNA 编辑的是
   A. 转录后碱基的甲基化
   B. 转录后产物的剪接
   C. 转录后产物的剪切
   D. 转录产物中核苷酸残基的插入、删除和取代
   E. 初级转录产物的加帽、加尾
7. 真核细胞中由 RNA 聚合酶Ⅱ催化转录的产物是
   A. hnRNA
   B. tRNA
   C. snRNA
   D. 5S RNA
   E. rRNA
8. 对真核生物启动子的描述错误的是
   A. 真核生物 RNA 聚合酶有多种类型，它们识别的启动子各有特点
   B. RNA 聚合酶Ⅲ识别的启动子含两个保守的共有序列
   C. 位于-25 附近的 TATA 盒与转录起始无关
   D. 位于-70 附近的共有序列称为 CAAT 盒
   E. 有少数启动子上游含 GC 盒
9. 以下对 mRNA 的转录后加工的描述错误的是
   A. mRNA 前体需在 5′端加 m^7Gpp-pNmp 的帽子

B. mRNA 前体需进行剪接作用
C. mRNA 前体需在 3′端加多聚 U 的尾
D. mRNA 前体需进行甲基化修饰
E. 某些 mRNA 前体需要进行编辑加工

10. 基因启动子是指
A. 编码 mRNA 翻译起始的 DNA 序列
B. 开始转录生成 mRNA 的 DNA 序列
C. RNA 聚合酶最初与 DNA 结合的 DNA 序列
D. 阻遏蛋白结合的 DNA 部位
E. 转录结合蛋白结合的 DNA 部位

11. DNA 上某段碱基顺序为：5′- ACT-AGTCAG - 3′，转录后的 mRNA 相应的碱基顺序为
A. 5′- TGATCAGTC - 3′
B. 5′- UGAUCAGUC - 3′
C. 5′- CUGACUAGU - 3′
D. 5′- CTGACTAGT - 3′
E. 5′- CAGCUGACU - 3′

12. 转录过程中需要的酶是
A. DNA 指导的 DNA 聚合酶
B. 核酸酶
C. RNA 指导的 RNA 聚合酶
D. DNA 指导的 RNA 聚合酶
E. RNA 指导的 DNA 聚合酶

13. 下列关于 mRNA 的叙述正确的是
A. 分子量最小
B. 由大小两个亚基组成
C. 更新最快
D. 占 RNA 总量的 85%
E. 含大量稀有碱基

14. 下列关于 σ 因子的叙述正确的是
A. 参与识别 DNA 模板上转录 RNA 的特殊起始点
B. 参与识别 DNA 模板上的终止信号
C. 催化 RNA 链的双向聚合反应
D. 是一种小分子的有机化合物
E. 参与逆转录过程

15. 比较 RNA 转录与 DNA 复制，叙述正确的是
A. 原料都是 dNTP
B. 都在细胞核内进行
C. 合成产物均需剪接加工
D. 与模板链的碱基配对均为 A-T
E. 合成开始均需要有引物

16. 催化真核 mRNA 转录的酶是
A. RNA 聚合酶Ⅰ
B. mtRNA 聚合酶
C. RNA 聚合酶Ⅲ
D. RNA 复制酶
E. RNA 聚合酶Ⅱ

17. 催化真核生物 tRNA 转录的酶是
A. RNA 聚合酶Ⅰ
B. RNA 聚合酶Ⅱ
C. RNA 聚合酶Ⅲ
D. DNA 聚合酶Ⅰ
E. DNA 聚合酶Ⅲ

18. 真核剪接体的成分包括
A. 大肠杆菌 mRNA
B. miRNA
C. UsnRNP
D. 5S rRNA
E. MtRNA

19. 外显子是指
A. DNA 链中的间隔区
B. 被转录并被翻译的序列
C. 不被翻译的序列
D. 不被转录的序列
E. 被转录的序列

20. 利福平可抑制结核菌的原因是
A. 抑制细菌的 RNA 聚合酶
B. 激活细菌的 RNA 聚合酶
C. 抑制细菌的 DNA 聚合酶
D. 激活细菌的 DNA 聚合酶
E. 抑制细菌 RNA 转录终止

B型题

（1～3题共用备选答案）

A. MtRNA聚合酶
B. RNA聚合酶的核心酶
C. RNA聚合酶Ⅰ
D. RNA聚合酶Ⅱ
E. RNA聚合酶Ⅲ

1. 原核生物催化转录延长的RNA聚合酶是
2. 真核生物催化转录生成mRNA的聚合酶是
3. 真核生物催化转录生成tRNA的聚合酶是

（4～6题共用备选答案）

A. 切除部分肽链
B. 3′末端加-CCA
C. 3′末端加polyA
D. 5′末端糖基化
E. 45S经核酸酶催化切开

4. 属于tRNA转录后加工方式的是
5. 属于mRNA转录后加工方式的是
6. 属于rRNA转录后加工方式的是

（7～8题共用备选答案）

A. 内含子
B. 外显子
C. 多顺反子
D. 单顺反子
E. 启动子

7. 基因中有表达活性的编码序列是
8. 基因中被转录的非编码序列

（9～10题共用备选答案）

A. 核酶
B. RNase Ⅲ
C. 甲基转移酶
D. RNA指导的RNA聚合酶
E. 核酸转移酶

9. 四膜虫的rRNA前体具有催化活性又称作
10. tRNA 3′末端CCA-OH的添加反应的催化者是

二、名词解释

1. RNA转录　2. 编码链　3. 核酶　4. 模板链　5. 内含子　6. 启动子

三、简答题

1. 简述原核RNA转录起始阶段的简要过程。
2. 真核生物mRNA前体的转录后加工主要有哪几种形式？
3. 什么是核酶？核酶的存在有何生物学意义？

四、论述题

1. 请列表从以下7方面比较DNA复制、RNA转录的异同点：①原料；②主要的酶和因子；③模板；④链延长方向；⑤配对方式；⑥产物；⑦加工过程。

2. 从RNA聚合酶、转录过程及转录后加工等方面比较原核生物和真核生物的转录特点。

参考答案

一、选择题

A 型题

1. A　2. C　3. C　4. D　5. C　6. D　7. A　8. C　9. C
10. C　11. C　12. D　13. C　14. A　15. B　16. E　17. C　18. C
19. B　20. A

B 型题

1. B　2. D　3. E　4. B　5. C　6. E　7. B　8. A　9. A
10. E

二、名词解释

1. RNA 转录：以 DNA 为模板合成 RNA 的过程，将 DNA 的信息传递给 RNA 分子。
2. 编码链：指 DNA 分子中一条不具备转录功能的链，其序列与 RNA 转录本基本相同(T 代替 U)。
3. 核酶：具有催化活性的 RNA。
4. 模板链：指 DNA 分子中一条具有转录功能的链，可为 RNA 的转录提供模板。
5. 内含子：DNA 中可被转录，但在转录后被切除的序列，又称间隔序列。
6. 启动子：识别和结合 RNA 聚合酶，并启动转录的 DNA 序列。

三、简答题

1. 原核 RNA 聚合酶中的 σ 因子识别 DNA 模板上的转录起始位点，RNA 聚合酶与 DNA 结合，DNA 构象改变，局部双链打开，以 NTP 为原料，根据 DNA 模板序列，在 RNA 聚合酶的核心酶催化下，按照碱基互补配对原则：A-U、T-A、C-G，在核苷酸间形成 3′,5′-磷酸二酯键。σ 因子脱落并可循环使用，核心酶沿 DNA 滑动并催化 RNA 链的合成。

2. 真核生物 mRNA 的加工包括首、尾修饰和剪接：5′末端加“帽”：真核细胞成熟的 mRNA 5′末端均有一个 m7GpppNmp 结构，称为“帽”；3′末端加尾：mRNA 前体分子在 3′末端有多聚 A 尾（poly A)；剪切和剪接：转录后的 hnRNA 经去除内含子，将外显子部分连接起来；RNA 编辑。

3. 核酶是具有催化功能的 RNA。核酶的发现，一方面对酶学理论作了重要的补充，阐明了 RNA 的另一种重要功能；另一方面对于医学具有较现实的意义。利用人工合成的核酶治疗病毒感染；抑制癌基因的表达等。核酶已成为基因治疗上重要工具之一。

四、论述题

1. 见下表：

	复制	转录
原料	dNTP	NTP
主要酶和因子	DNA 聚合酶、拓扑异构酶解链酶、DNA 单链结合蛋白、引物酶、DNA 连接酶	RNA 聚合酶、ρ 因子等
模板	DNA 的两条链	DNA 的一条链
链延长方向	$5' \rightarrow 3'$	$5' \rightarrow 3'$
配对方式	A=T，C≡G	A=U，C≡G
产物	DNA	RNA
加工过程	一般不需复制后加工	转录后加工分别产生成熟 mRNA、tRNA 和 rRNA

2. 见下表：

	原核	真核
RNA 聚合酶	1 种，$\alpha_2\beta\beta'\omega\sigma$	4 种，pol Ⅰ，pol Ⅱ，pol Ⅲ，Mt
转录起始	σ 因子识别启动子，RNA 聚合酶直接与启动子结合	RNA 聚合酶以转录前起始复合物形式与启动子结合
转录延长	核心酶沿模板向 3′端滑动	聚合酶前行需核小体移位和解聚
转录终止	依赖 ρ 因子和不依赖 ρ 因子两种方式	与转录终止修饰点有关
转录后加工	不需要复杂加工	需要剪接，末端添加，修饰，编辑等

（王卫平）

第十二章　蛋白质的生物合成

测试题

一、选择题

A 型题

1. 翻译过程的产物是
   A. 蛋白质
   B. tRNA
   C. mRNA
   D. rRNA
   E. DNA
2. 蛋白质生物合成的直接模板是
   A. rRNA
   B. tRNA
   C. DNA
   D. mRNA
   E. 核糖体
3. 在蛋白质生物合成中起转运氨基酸作用的是
   A. mRNA
   B. rRNA
   C. 起始因子
   D. 延长因子
   E. tRNA
4. 多肽链中连接氨基酸残基的最主要化学键是
   A. 糖苷键
   B. 酯键
   C. 氢键
   D. 磷酸二酯键
   E. 肽键
5. 下列关于反密码子叙述正确的是
   A. 由 tRNA 中相邻的三个核苷酸组成
   B. 由 mRNA 中相邻的三个核苷酸组成
   C. 由 DNA 中相邻的三个核苷酸组成
   D. 由 rRNA 中相邻的三个核苷酸组成
   E. 由多肽链中相邻的三个氨基酸组成
6. mRNA 中四种核苷酸总共组成密码子的数量是
   A. 16
   B. 32
   C. 48
   D. 61
   E. 64
7. 与 mRNA 中密码子 5′ ACG 3′ 相对应的反密码子（5′→3′）是
   A. CGU
   B. CGA
   C. UCG
   D. UGC
   E. GCU
8. 人体内不同细胞能合成不同蛋白质，是因为
   A. 各种细胞的基因不同
   B. 各种细胞的基因相同，而表达基因不同
   C. 各种细胞的蛋白酶活性不同
   D. 各种细胞的蛋白激酶活性不同
   E. 各种细胞的氨基酸不同
9. AUG 除可代表甲硫氨酸的密码子外还可作为
   A. 肽链起始因子
   B. 肽链释放因子

C. 肽链延长因子
D. 肽链起始密码子
E. 肽链终止密码子

10. 在蛋白质生物合成中催化氨基酸之间肽键形成的酶是
A. 氨基酸合成酶
B. 转肽酶
C. 羧基肽酶
D. 氨基肽酶
E. 氨基酸连接酶

11. 氯霉素可抑制
A. DNA 复制
B. RNA 转录
C. 蛋白质生物合成
D. 生物氧化呼吸链
E. 核苷酸合成

12. 下列氨基酸没有相应遗传密码的是
A. 色氨酸
B. 甲硫氨酸
C. 羟脯氨酸
D. 谷氨酰胺
E. 组氨酸

13. 蛋白质生物合成中多肽链的氨基酸排列顺序取决于
A. 相应 tRNA 的专一性
B. 相应氨基酰 tRNA 合成酶的专一性
C. 相应 tRNA 上的反密码
D. 相应 mRNA 中核苷酸排列顺序
E. 相应 rRNA 的专一性

14. 蛋白质生物合成中能终止多肽链延长的密码子数量是
A. 1
B. 2
C. 3
D. 4
E. 5

15. 以含有 CCA 重复顺序的人工合成多核苷酸链为模板，在无细胞蛋白质合成体系中能合成三种多肽：多聚谷氨酸、多聚天冬氨酸和多聚苏氨酸。已知谷氨酸和天冬氨酸的密码子分别是 CCA 和 ACC，则苏氨酸的密码子应是
A. AAC
B. CAA
C. CAC
D. CCA
E. ACA

16. 真核生物蛋白质合成的特点是
A. 先转录，后翻译
B. 边转录，边翻译
C. 边复制，边翻译
D. 核糖体大亚基先与小亚基结合
E. mRNA 先与 tRNA 结合

17. 多聚核糖体指
A. 多个核糖体
B. 多个核糖体小亚基
C. 多个核糖体附着在一条 mRNA 上合成多肽链的复合物
D. 多个核糖体大亚基
E. 多个携有氨基酰- tRNA 的核糖体小亚基

18. 在核糖体上没有结合部位的是
A. 氨基酰 tRNA 合成酶
B. 氨基酰 tRNA
C. 肽酰 tRNA
D. mRNA
E. GTP

19. 关于蛋白质生物合成的描述正确的是
A. 由 tRNA 识别 DNA 上的三联密码
B. 氨基酸能直接与其特异的三联体密码连接
C. tRNA 的反密码子能与 mRNA 上相应密码子形成碱基对
D. 密码子的碱基全部改变时才会出现由一种氨基酸替换另一种氨基酸
E. 核糖体从 mRNA 5′ 端向 3′ 端滑动时，相当于蛋白质从 C 端向 N

端延伸

20. 下述关于蛋白质生物合成的描述错误的是
A. 氨基酸必须活化成活性氨基酸
B. 氨基酸的羧基端被活化
C. 体内所有的氨基酸都有相应密码子
D. 活化的氨基酸被搬运到核糖体上
E. tRNA 的反密码子与 mRNA 上的密码子按碱基配对原则结合

21. 蛋白质生物合成中每生成一个肽键至少消耗的高能磷酸键的数目为
A. 2
B. 3
C. 4
D. 5
E. 6

22. 形成镰刀状红细胞贫血症的原因是
A. 缺乏维生素 B_{12}
B. 缺乏叶酸
C. 血红蛋白的β链 N 末端缬氨酸变成了谷氨酸
D. 血红蛋白的β链 N 末端谷氨酸变成了缬氨酸
E. 血红蛋白β链基因中的 CAT 变成了 CTT

23. 氨基酰- tRNA 合成酶的特点是
A. 只对氨基酸有特异性
B. 只对 tRNA 有特异性
C. 对氨基酸和 tRNA 都有特异性
D. 对 GTP 有特异性
E. 对 ATP 有特异性

24. 下列分子中，属于分子伴侣的是
A. 胰岛素原
B. 热休克蛋白
C. 组蛋白
D. 氨基肽酶
E. 信号序列

25. 有关翻译的描述错误的是
A. 从读码框的起始 AUG 开始阅读密码子
B. 按 mRNA 模板三联体密码的顺序延长肽链
C. 出现终止密码时肽链延长停止
D. C-端的氨基酸被终止密码前一位密码子编码
E. 氨基酰- tRNA 的合成只在起始阶段进行

B 型题

（1～3 题共用备选答案）
A. 复制
B. 转录
C. 逆转录
D. 翻译
E. 翻译后加工

1. 将 RNA 核苷酸顺序的信息转变为氨基酸顺序的过程是
2. 将病毒 RNA 的核苷酸顺序的信息，在宿主内转变为脱氧核苷酸顺序的过程是
3. 帮助新生多肽链正确折叠并使其转变为成熟的有生物学功能蛋白质的过程是

（4～7 题共用备选答案）
A. 转肽酶
B. 起始因子
C. 氨基酰- tRNA 合成酶
D. 释放因子
E. 信号序列

4. 氨基酸的活化需要
5. 肽链合成的起始阶段需要
6. 肽链合成的延长阶段需要
7. 分泌蛋白的靶向输送需要

（8～10 题共用备选答案）
A. 进位
B. 成肽
C. 转位

D. ATP
E. GTP
8. A位的肽酰 tRNA 连同 mRNA 相对应的密码一起从 A 位转移到 P 位的过程是
9. 氨基酰- tRNA 按遗传密码的指引进入核糖体 A 位的过程是
10. P 位上的氨基酰基或肽酰基与 A 位上的氨基酰基形成肽键的过程是

(11～15 题共用备选答案)
A. 一个氨基酸有多个密码子编码
B. mRNA 链上，碱基的插入或缺失
C. 所有生物共用同一套遗传密码
D. 密码子三联体不间断，需要三个核苷酸一组连续阅读
E. 密码子的第三个碱基和反密码子的第一个碱基不严格配对
11. 密码子的摆动性是指
12. 密码子的简并性是指
13. 密码子的连续性是指
14. 密码子的通用性是指
15. 移码突变是由于

二、名词解释

1. 翻译　2. 密码子　3. 核糖体循环　4. 多聚核糖体　5. 翻译后加工
6. 信号序列

三、简答题

1. 简述三种 RNA 在蛋白质生物合成过程中的作用。
2. 肽链合成的延长阶段是包含哪三个步骤的循环过程？
3. 简述翻译后加工的常见方式。
4. 蛋白质生物合成过程中需要哪些蛋白质因子参加？它们各起什么作用？

四、论述题

1. 举例说明蛋白质生物合成与医学的关系。
2. 试比较复制、转录、翻译过程的异同点。

参考答案

一、选择题

A 型题

1. A	2. D	3. E	4. E	5. A	6. E	7. A	8. B	9. D
10. B	11. C	12. C	13. D	14. C	15. C	16. A	17. C	18. A
19. C	20. C	21. C	22. D	23. C	24. B	25. E		

B 型题

1. D	2. C	3. E	4. C	5. B	6. A	7. E	8. C	9. A
10. B	11. E	12. A	13. D	14. C	15. B			

二、名词解释

1. 翻译：以 mRNA 核苷酸序列为“模板”合成相应氨基酸序列的多肽链的过程。

2. mRNA 分子中每相邻的三个核苷酸编成一组，在蛋白质合成时，代表某一种氨基酸或翻译起始、终止信号，称为密码子。

3. 核糖体是合成蛋白质的场所，其大小亚基聚合，经肽链的起始、延长、终止阶段合成一条多肽链。多肽链从核糖体上脱落，大小亚基解聚。解离后的大小亚基可以重新聚合成完整的核糖体，开始新的肽链合成，循环往复，称为核糖体循环。

4. 细胞内多个核糖体连接在同一条 mRNA 分子上，进行蛋白质合成，这种聚合体称为多聚核糖体。

5. 从核糖体上释放出来的多肽链，多数不具有正常生理功能，要经过多种方式的修饰才能转变成具有一定生物学活性的蛋白质，这个过程称为翻译后加工。

6. 新生多肽链中特定的氨基酸序列，指引着新生分泌蛋白的靶向输送。

三、简答题

1. mRNA：蛋白质生物合成的模板；tRNA：转运氨基酸到正确的位置；rRNA：与其他蛋白质构成核糖体，是蛋白质生物合成的场所。

2. 肽链合成的延长阶段是包括进位、成肽、转位三个步骤的循环反应过程。

①进位：是指 1 个氨基酰- tRNA 按照 mRNA 模板的指令进入并结合到核糖体 A 位的过程。②成肽：是指转肽酶催化两个氨基酸形成肽键。转肽酶催化 P 位上的起始 tRNA 携带的甲硫氨酸与 A 位上新进位的氨基酰- tRNA 的 α -氨基结合形成肽键。③转位：是核糖体沿 mRNA $5' \rightarrow 3'$的方向 3′ 端移动一个密码子的距离。转位后，原来的 A 位变成新的 P 位，结合着肽酰- tRNA，新的 A 位空留，以便开始下一轮循环。

3. ①切除 N 端甲硫氨酸；②水解切除：去除部分肽段和氨基酸残基；③侧链修饰：某些氨基酸残基需加工修饰，如磷酸化、羟化等；④亚基聚合：两个或两个以上亚基通过非共价结合成多聚体，形成具有四级结构的蛋白质；⑤辅基连接：多肽链与糖基结合可形成糖蛋白，与脂类物质结合可形成脂蛋白，珠蛋白与血红素结合形成血红蛋白，其中糖、脂、血红素均为辅基。

4. 起始因子：参与起始复合物的形成；延长因子：参与延长过程中的进位和转位；终止因子：参与多肽链合成的终止，使核糖体大亚基的转肽酶活性变为酯酶活性。

四、论述题

1. 多种抗生素可以作用于从 DNA 复制到蛋白质合成的遗传信息传递的各个环节，阻抑细菌或肿瘤细胞的蛋白质合成，从而发挥药理作用。各种抗生素及其作用机理详见《医学生物化学》（第 4 版）表 12 - 3。

2. 见下表。

表 12-2 复制、转录和翻译过程的比较

	复制	转录	翻译
原料	dNTP（dATP、dCTP、dGTP、dTTP）	NTP（ATP、CTP、GTP、UTP）	20 种 α 氨基酸
主要的酶和因子	DNA 聚合酶、拓扑异构酶、引物酶、解链酶、DNA 连接酶、DNA 结合蛋白等	RNA 聚合酶、ρ 因子等	氨基酰 tRNA 合成酶、转肽酶、起始因子、延伸因子等
模板	DNA	DNA	mRNA
链的延长方向	5′端→3′端	5′端→3′端	N 端→C 端
方式	半保留复制	不对称转录	核糖体循环
配对（信息传递）	A-T；G-C	A-U；T-A；G-C	三联密码-相应氨基酸
产物	DNA	RNA 初级产物	蛋白质多肽链
加工过程	一般无需复制后加工	转录后加工，分别形成 mRNA、tRNA、rRNA	翻译后加工，生成具有生物活性的成熟蛋白质

（扈瑞平 邓秀玲）

第十二章　基因表达调控与基因工程

测试题

一、选择题

A 型题

1. 基因表达产物
   A. 是 DNA
   B. 是 RNA
   C. 是蛋白质
   D. 大多是蛋白质，有些基因产物是 RNA
   E. 是酶和 DNA
2. 原核基因表达调控的意义是
   A. 调节生长与分化
   B. 调节发育与分化
   C. 调节生长、发育与分化
   D. 调节代谢，适应环境
   E. 维持细胞特性和调节生长
3. 在下列哪种情况下，乳糖操纵子的转录活性最高
   A. 高乳糖，低葡萄糖
   B. 高乳糖，高葡萄糖
   C. 低乳糖，低葡萄糖
   D. 低乳糖，高葡萄糖
   E. 不一定
4. 下述关于管家基因表达描述最确切的是
   A. 在生物个体的所有细胞中表达
   B. 在生物个体全生命过程的几乎所有细胞中持续表达
   C. 在生物个体全生命过程的部分细胞中持续表达
   D. 在特定环境下的生物个体全生命过程的所有细胞中持续表达
   E. 在特定环境下的生物个体全生命过程的部分细胞中持续表达
5. 关于基本的基因表达的描述正确的是
   A. 有诱导剂存在时表达水平增高
   B. 有诱导剂存在时表达水平降低
   C. 有阻遏剂存在时表达水平增高
   D. 有阻遏剂存在时表达水平降低
   E. 极少受诱导剂或阻遏剂影响
6. 紫外线照射引起 DNA 损伤时，细菌 DNA 修复酶基因表达反应性增强，这种现象称为
   A. 诱导
   B. 阻遏
   C. 正反馈
   D. 负反馈
   E. 基本的基因表达
7. 根据目前的认识，大多数基因表达调控的基本环节是在
   A. 复制水平
   B. 转录水平
   C. 转录起始水平
   D. 翻译水平
   E. 翻译后水平
8. 顺式作用元件是指
   A. TATA 盒和 CCAAT 盒
   B. 具有调节功能的 DNA 序列
   C. 5′侧翼序列
   D. 3′侧翼序列
   E. 非编码序列
9. 乳糖操纵子中的 I 基因编码产物是
   A. 一种激活蛋白
   B. 一种阻遏蛋白

C. 一种β-半乳糖苷酶
D. 透酶
E. 乙酰基转移酶

10. 阻遏蛋白结合乳糖操纵子中的
A. O序列
B. P序列
C. I基因
D. Y基因
E. Z基因

11. 作为克隆载体的最基本条件是
A. DNA分子量较小
B. 环状双链DNA分子
C. 有自我复制功能
D. 有多克隆位点
E. 有一定遗传标志

12. 乳糖操纵子的直接诱导剂是
A. 乳糖
B. 别乳糖
C. 葡萄糖
D. 阿拉伯糖
E. β-半乳糖苷酶

13. 限制性核酸内切酶切割DNA后产生
A. 3′-磷酸基末端和5′-羟基末端
B. 5′-磷酸基末端和3′-羟基末端
C. 3′-羟基末端和5′-羟基末端
D. 5′-磷酸基末端和3′-磷酸基末端
E. 3′-羟基末端和一分子游离磷酸

14. 一个操纵子通常含有
A. 一个启动序列和一个编码序列
B. 一个启动序列和数个编码序列
C. 数个启动序列和一个编码序列
D. 数个启动序列和数个编码序列
E. 一个启动序列和数个调节基因

15. 基因工程中实现目的基因与载体DNA拼接的酶是
A. DNA聚合酶
B. RNA聚合酶
C. DNA连接酶
D. RNA连接酶
E. 限制性核酸内切酶

16. 真核基本转录因子中直接识别、结合TATA盒的是
A. TFⅡA
B. TFⅡB
C. TFⅡD
D. TFⅡE
E. TFⅡF

17. 下列情况不属于基因表达阶段特异性的是，一个基因在
A. 胚胎发育过程不表达，出生后表达
B. 胚胎发育过程表达，在出生后不表达
C. 分化的骨骼肌细胞表达，在未分化的心肌细胞不表达
D. 在分化的心肌细胞表达，在未分化的心肌细胞不表达
E. 分化的心肌细胞不表达，在未分化的心肌细胞表达

18. 操纵子的基因表达调节系统属于
A. 复制水平调节
B. 转录水平调节
C. 逆转录水平调节
D. 翻译水平调节
E. 翻译后水平调节

19. 分解代谢物基因激活蛋白（CAP）对乳糖操纵子表达的影响是
A. 正调控
B. 负调控
C. 正/负调控
D. 无控制作用
E. 可有可无

20. 关于原核启动序列的叙述正确的是
A. 开始被翻译的DNA序列
B. 开始转录成mRNA的DNA序列
C. 开始结合RNA聚合酶的DNA序列
D. 产生阻遏蛋白的基因
E. 阻遏蛋白结合的DNA序列

21. 大多数处于活化状态的真核基因对

DNase Ⅰ的反应性是
A. 高度敏感
B. 中度敏感
C. 中低度敏感
D. 低度敏感
E. 不敏感

22. 在基因工程中用来修饰改造生物基因的工具是
A. 限制性核酸内切酶和连接酶
B. 限制性核酸内切酶和水解酶
C. 限制性核酸内切酶和运载体
D. 连接酶和运载体
E. 连接酶和水解酶

23. 原核生物中，使某种代谢途径相关的多种酶类协调表达的机制是
A. 单顺反子
B. 操纵子
C. 多核糖体
D. 衰减子
E. RNA 干扰

24. 细菌优先利用葡萄糖作为碳源，葡萄糖耗尽后才会诱导产生代谢其他糖的酶类，这种现象称为
A. 衰减作用
B. 阻遏作用
C. 诱导作用
D. 协调调节作用
E. 分解物阻遏作用

25. 基本转录因子大多属于 DNA 结合蛋白，它们能够
A. 结合转录核心元件
B. 结合增强子
C. 结合 5′端非翻译区
D. 结合 3′端非翻译区
E. 结合内含子

B 型题

（1～4 题共用备选答案）
A. 阻遏蛋白
B. 启动子
C. cAMP
D. CAP
E. ρ 因子

1. 葡萄糖缺乏时，细菌中 cAMP 浓度升高，可以结合
2. 实验室常使用 IPTG 作为诱导剂，其作用是结合
3. 与 RNA 聚合酶相识别和结合的 DNA 片段是
4. 乳糖操纵子中，能结合别乳糖的物质是

（5～8 题共用备选答案）
A. 基本转录因子
B. 特异转录因子
C. 起始因子
D. 阻遏蛋白
E. ρ 因子

5. 人血红蛋白表达特异性的决定因素是
6. 小鼠异柠檬酸合成酶的表达需要的蛋白质因子是
7. 大肠杆菌 β-半乳糖苷酶表达的关键调控因素是
8. 真核细胞中管家基因的转录需要

（9～12 题共用备选答案）
A. 操纵子
B. 启动子
C. 增强子
D. 沉默子
E. 转座子

9. 真核基因转录激活必不可少的是
10. 真核基因转录调节中起正性调节作用的是
11. 真核基因转录调节中起负性调节作用的是
12. 原核基因调控的普遍机制是

（13～16 题共用备选答案）
A. 顺式作用元件

B. 反式作用因子
C. 顺式作用蛋白
D. 操纵序列
E. 特异因子

13. 由特定基因编码，对另一基因转录具有调控作用的转录因子
14. 影响自身基因表达活性的DNA序列
15. 由特定基因编码，对自身基因转录具有调控作用的转录因子
16. 属于原核生物基因转录调节蛋白的是

二、名词解释

1. 基因表达　2. 管家基因　3. 启动子　4. 操纵子　5. 增强子
6. 限制性核酸内切酶

三、简答题

1. 简述基因工程的基本过程。
2. 为什么称真核基因表达的空间特异性为组织特异性?
3. 用于DNA重组的载体应具备什么条件？常用的载体有哪些?

四、论述题

1. 试述乳糖操纵子工作原理。
2. 试述真核生物mRNA如何进行转录激活调节。
3. 试述原核生物基因表达调控的特点。

参考答案

一、选择题

A型题

1. D　2. D　3. A　4. B　5. E　6. A　7. C　8. B　9. B
10. A　11. C　12. B　13. B　14. B　15. C　16. C　17. C　18. B
19. A　20. C　21. A　22. A　23. B　24. D　25. A

B型题

1. D　2. A　3. B　4. A　5. B　6. A　7. D　8. A　9. B
10. C　11. D　12. A　13. B　14. A　15. C　16. E

二、名词解释

1. 基因表达：在各种调节机制控制下，从基因激活开始，经历转录、翻译等过程产生具有生物学功能的蛋白质分子，从而赋予细胞一定的功能或表型，或使生物体获得一定的遗传性状。

2. 管家基因：对生物体整个生命过程中都是必需的或必不可少的，在生物体几乎所有细胞中都持续表达的一类基因。

3. 启动子：RNA聚合酶结合位点及其周围的DNA序列，至少包括一个转录起始点及一个以上的机能组件。

4. 操纵子：原核基因按功能相关性成簇地串联、密集于染色体上，共同组成的一个转录单位。

5. 增强子：远离转录起始点、决定组织特异性表达、增强启动子转录活性的特异 DNA 序列，其发挥作用的方式与方向、距离无关。

6. 限制性核酸内切酶：识别特异 DNA 序列，并在识别位点或其周围切割双链 DNA 的一类核酸内切酶。

三、简答题

1. 一个完整的基因工程基本过程包括：目的基因的获取；基因载体的选择与构建；目的基因与载体的拼接；重组 DNA 分子导入受体细胞；筛选并无性繁殖含重组分子的受体细胞（转化子）及目的基因的表达。

2. 多细胞真核生物同一基因产物在不同的组织器官，或不同基因产物在同一组织器官含量多少是不一样的，即在发育、分化的特定时期内，基因表达产物依组织细胞的空间分布而表现差异，因此，真核基因表达的空间特异性又称组织特异性。

3. DNA 重组载体应具备的条件：①能自主复制；②具有一种或多种限制性内切酶的单一切割位点，并在位点中插入外源基因后，不影响其复制功能；③具有 1～2 个筛选标记；④克隆载体必须是安全的，不应含有对受体细胞有害的基因，并且不会任意转入其他生物细胞；⑤易于操作，转化效率高。常用的基因载体有以下几种：①质粒；②噬菌体；③病毒。

四、论述题

1. （1）结构：lac 操纵子含 Z、Y 及 A 3 个结构基因，分别编码 β-半乳糖苷酶、透酶和乙酰基转移酶，此外还有一个操纵序列 O，一个启动序列 P 及一个调节基因 I。I 基因编码一种阻遏蛋白，后者与 O 序列结合，操纵子被关闭。在启动序列上游还有一个分解代谢基因激活蛋白（CAP）结合位点。由操纵序列 O，一个启动序列 P 和 CAP 结合位点共同构成乳糖操纵子的调控区。

（2）阻遏蛋白的负性调节：在没有乳糖存在时，乳糖操纵子处于阻遏状态。此时，I 基因表达阻遏蛋白，阻遏蛋白与操纵序列 O 结合，阻碍 RNA 聚合酶与 P 序列结合，抑制转录启动。当有乳糖存在时，乳糖转变为别乳糖，后者结合阻遏蛋白，使其构象发生变化，阻遏蛋白与操纵序列 O 解离。在 CAP 蛋白协作下发生转录。

（3）CAP 的正性调节：分解代谢基因激活蛋白（CAP）分子内有 DNA 结合区及 cAMP 结合位点。当没有葡萄糖及 cAMP 浓度较高时，cAMP 与 CAP 结合，此时 CAP 结合在 CAP 结合位点，可使 RNA 转录活性提高；当有葡萄糖存在时，cAMP 浓度降低，cAMP 与 CAP 结合受阻，乳糖操纵子转录活性下降。

2. 真核生物 mRNA 转录通过顺式作用元件和转录因子的相互作用进行调节。

（1）顺式作用元件：是特异转录因子的结合位点，包括启动子、增强子和沉默子。启动子位于转录起始点附近，通常含 TATA 盒，与基本转录因子结合，起始基因的转录。增强子一般远离转录起始点，可增强启动子的转录活性。沉默子则对启动子的转录活性起抑制作用。

（2）转录因子：通过转录因子-顺式作用元件或转录因子-转录因子的相互作用调节转录活性。转录因子可分三类：①基本转录因子，是 RNA 聚合酶Ⅱ结合启动子所必需的一组因子，为所有 mRNA 转录启动所共有；②转录激活因子，与增强子结合，增强转录活性；③转录抑制因子，与沉默子结合，抑制转录活性。

（3）mRNA 转录激活及其调节：真核 RNA 聚合酶Ⅱ不能直接结合启动子，而是先由 TFⅡD 识别 TATA 盒并与之结合，形成起始复合物，其他基本转录因子如 TFⅡA、TFⅡB、TFⅡF 等也参与该复合物的形成。RNA 聚合酶Ⅱ与起始复合物结合，形成一个功能性的前起始复合物，转录被启动。其他调节因子与顺式作用元件通过蛋白质-蛋白质或蛋白质-DNA 的相互作用调节基因的转录活性。

3. 原核基因表达调控与真核存在很多共同之处，但因原核生物没有细胞核和亚细胞结构，其基因组结构要比真核生物简单，基因表达的调控因此而比较简单。虽然原核基因的表达也受转录起始、转录终止、翻译调控及 RNA、蛋白质的稳定性等多级调控，但其表达开、关的关键机制主要发生在转录起始。其特点包括以下 3 方面：

（1）σ 因子决定 RNA 聚合酶的识别特异性：原核生物只有一种 RNA 聚合酶，核心酶催化转录的延长，亚基识别特异启动序列，即不同的因子协助启动不同基因的转录。

（2）操纵子模型的普遍性：除个别基因外，原核生物绝大多数基因按功能相关性成簇地连续排列在染色体上，共同组成一个转录单位即操纵子，如乳糖操纵子等。一个操纵子含一个启动序列及数个编码基因。在同一个启动序列控制下，转录出多顺反子 mRNA。

（3）阻遏蛋白与阻遏机制的普遍性：在很多原核操纵子系统，特异的阻遏蛋白是控制启动序列活性的重要因素。当阻遏蛋白与操纵基因结合或解离时，结构基因的转录被阻遏或去阻遏。

（龚明玉）

第十四章　肝的生物化学

测试题

一、选择题

A 型题

1. 下列不属于肝在组织结构和化学组成上的特点的是
   A. 双重血液供应
   B. 有丰富的血窦，利于物质交换
   C. 有一条输出通路，即胆道，与肠道相通
   D. 蛋白质代谢极为活跃，更新速度快
   E. 是多种反应进行的场所
2. 短期饥饿时，血糖浓度的维持主要靠
   A. 肝糖原分解
   B. 肌糖原分解
   C. 肝糖原合成
   D. 糖异生作用
   E. 组织中的葡萄糖利用降低
3. 不属于肝的生理功能的是
   A. 贮存糖原和维生素
   B. 合成血浆清蛋白
   C. 进行生物转化
   D. 合成尿素
   E. 储存脂肪
4. 肝在脂类代谢中特有的作用是
   A. 合成磷脂
   B. 合成胆固醇
   C. 生成酮体
   D. 将糖转变为脂肪
   E. 参与脂肪的分解代谢
5. 肝合成量最多的血浆蛋白质是
   A. 脂蛋白
   B. 球蛋白
   C. 清蛋白
   D. 凝血酶原
   E. 纤维蛋白原
6. 只在肝中合成的物质是
   A. 脂肪
   B. 尿素
   C. ATP
   D. 糖原
   E. 蛋白质
7. 缺乏后不会导致丙酮酸堆积的维生素是
   A. 维生素 B_1
   B. 维生素 B_2
   C. 维生素 B_6
   D. 维生素 PP
   E. 泛酸
8. 血氨升高的主要原因是
   A. 体内合成非必需氨基酸过多
   B. 急性、慢性肾衰竭
   C. 组织蛋白质分解过多
   D. 肝功能障碍
   E. 便秘使肠道内产氨与吸收氨过多
9. 人体合成胆固醇最多的器官是
   A. 脾
   B. 肝
   C. 肾
   D. 心
   E. 肾上腺
10. 关于血浆胆固醇酯含量下降的叙述正确的是
    A. 胆固醇分解增多

B. 胆固醇转变成胆汁酸增多
C. 转变成脂蛋白增多
D. 胆固醇由胆道排出增多
E. 肝细胞合成 LCAT 减少

11. 肝中不储存的维生素是
A. 维生素 D
B. 维生素 K
C. 维生素 B_{12}
D. 维生素 A 与 K
E. 维生素 A

12. 严重肝疾病的男性患者出现乳房发育、蜘蛛痣的主要原因是
A. 雌激素分泌过多
B. 雌激素分泌过少
C. 雌激素灭活不好
D. 雄激素分泌过多
E. 雄激素分泌过少

13. 下列不是非营养物质来源的是
A. 体内合成的非必需氨基酸
B. 肠道细菌腐败产物被重吸收
C. 外界的药物、毒物
D. 体内代谢产生的氨、胺等
E. 食品添加剂如色素等

14. 下列关于生物转化的描述错误的是
A. 生物转化是一种解毒作用
B. 非营养物质经生物转化不一定增加其水溶性
C. 肝是人体内进行生物转化最重要的器官
D. 有些非营养物质经氧化、还原和水解等反应即可排出体外
E. 有些非营养物质必须与极性更强的物质结合后才能排出体外

15. 不属于生物转化的反应是
A. 氧化反应
B. 还原反应
C. 水解反应
D. 结合反应
E. 核糖化反应

16. 关于加单氧酶系的叙述错误的是
A. 此酶系存在于微粒体中
B. 它通过羟化反应参与生物转化作用
C. 过氧化氢是其产物之一
D. 细胞色素 P450 是此酶系的组分
E. 与体内很多活性物质的合成、灭活及外源性药物代谢有关

17. 关于生物转化作用的叙述不正确的是
A. 具有反应多样性的特点
B. 常受年龄、性别和诱导物等因素影响
C. 有解毒和致毒的双重性
D. 使非营养性物质极性降低，利于排泄
E. 结合反应是体内最重要的生物转化方式

18. 肝生物转化作用第一相反应中最重要的酶是微粒体中的
A. 加单氧酶
B. 加双氧酶
C. 胺氧化酶
D. 水解酶
E. 还原酶

19. 下列不是生物转化结合物供体的是
A. UDPGA
B. PAPS
C. SAM
D. 乙酰 CoA
E. UDPG

20. 生物转化第一相反应中最主要的是
A. 氧化反应
B. 还原反应
C. 水解反应
D. 脱羧反应
E. 结合反应

21. 一般来讲，非营养物质经生物转化后发生的变化是
A. 水溶性增强
B. 水溶性降低

C. 脂溶性增强
D. 毒性增强
E. 可以彻底氧化分解
22. 主要在肝内进行的反应是
A. 糖原合成
B. 脂蛋白合成
C. 生物转化作用
D. 血浆球蛋白合成
E. 所有凝血因子的合成
23. 胆汁酸对自身合成的调控机制是
A. 激活 3α-羟化酶
B. 抑制 3α-羟化酶
C. 激活 7α-羟化酶
D. 抑制 7α-羟化酶
E. 激活 12α-羟化酶
24. 下列不属于初级胆汁酸的是
A. 胆酸
B. 脱氧胆酸
C. 鹅脱氧胆酸
D. 牛磺胆酸
E. 甘氨胆酸
25. 下列属于次级游离胆汁酸的是
A. 胆酸
B. 甘氨胆酸
C. 牛磺鹅脱氧胆酸
D. 鹅脱氧胆酸
E. 脱氧胆酸
26. 关于胆汁酸盐的叙述错误的是
A. 在肝中由胆固醇转变而来
B. 是食物脂肪的乳化剂
C. 能抑制胆固醇结石的形成
D. 是血红素代谢的产物
E. 可经过肠肝循环被重吸收
27. 参与次级胆汁酸合成的氨基酸是
A. 鸟氨酸
B. 精氨酸
C. 甘氨酸
D. 蛋氨酸
E. 瓜氨酸
28. 血中有一种胆红素增加时可能出现在尿中，这种胆红素是
A. 结合胆红素
B. 未结合胆红素
C. 血胆红素
D. 间接胆红素
E. 胆红素-Y蛋白
29. 下列有关胆红素的说法错误的是
A. 它具有疏水亲脂的特性
B. 在血中主要以清蛋白-胆红素复合体形式运输
C. 在肝细胞内主要与葡萄糖醛酸结合
D. 单葡萄糖醛酸胆红素是主要的结合产物
E. 游离胆红素是很好的抗氧化剂
30. 血中胆红素的主要运输方式是
A. 胆红素-清蛋白
B. 胆红素-Y蛋白
C. 胆红素-Z蛋白
D. 胆红素-球蛋白
E. 胆红素-脂蛋白
31. 以下不能从尿中排出的是
A. 尿胆素原
B. 粪胆素原
C. 直接胆红素
D. 未结合胆红素
E. 结合胆红素
32. 正常情况下，人粪便的主要色素是
A. 血红素
B. 胆绿素
C. 胆红素
D. 胆素原
E. 胆素
33. 胆红素在小肠中可被肠菌酶还原为
A. 血红素
B. 胆绿素
C. 尿胆素
D. 粪胆素
E. 胆素原
34. 正常人尿液中的主要色素是

A. 血红素
B. 胆素原
C. 胆红素
D. 尿胆素
E. 胆绿素

35. 下列不属于第一相反应的酶有
A. 加单氧酶系
B. 胺氧化酶系
C. 脱氢酶系
D. 硝基还原酶
E. 转移酶

B 型题

(1～5 题共用备选答案)
A. 胆色素
B. 胆绿素
C. 胆红素
D. 胆素原
E. 胆素

1. 胆红素体内代谢产物是
2. 尿与粪便的颜色来源是
3. 在单核-吞噬细胞系统中生成的胆色素是
4. 铁卟啉化合物分解代谢产物的总称是
5. 血红素在血红素加氧酶催化下生成的物质是

(6～9 题共用备选答案)
A. 尿素
B. 尿酸
C. 胆汁酸
D. 胆红素
E. 肌酐

6. 能抑制胆固醇结石形成的是
7. 血中含量高可致黄疸的是
8. 正常时体内氨的主要去路是合成
9. 嘌呤核苷酸分解代谢的终产物是

(10～12 题共用备选答案)
A. 血中未结合胆红素升高为主
B. 血中结合胆红素升高为主
C. 血中未结合胆红素和结合胆红素都升高
D. 血中未结合胆红素和结合胆红素都不变
E. 血中未结合胆红素和结合胆红素都降低

10. 溶血性黄疸时
11. 肝细胞性黄疸时
12. 阻塞性黄疸时

(13～16 题共用备选答案)
A. 血红蛋白
B. 胆红素
C. 胆素原
D. 甘氨酸
E. UDPGA

13. 在肝中与胆汁酸结合的化合物是
14. 在血中与蛋白质结合运输的物质是
15. 葡萄糖醛酸的供体是
16. 胆红素代谢的终产物是

(17～20 题共用备选答案)
A. 7α-羟化酶
B. 胆绿素还原酶
C. 血红素加氧酶
D. 加单氧酶
E. 单胺氧化酶

17. 催化胺类氧化脱氨基的酶是
18. 催化胆固醇转变为胆汁酸的酶是
19. 催化血红素转变为胆绿素的酶是
20. 催化胆绿素转变为胆红素的酶是

(21～22 题共用备选答案)
A. 血红素
B. 胆绿素
C. 胆红素
D. 胆素原
E. 胆素

21. 能进行肠肝循环的是

22. 与珠蛋白结合的是

二、名词解释

1. 生物转化　2. 初级胆汁酸　3. 加单氧酶系　4. 胆汁酸的肠肝循环
5. 结合胆红素　6. 黄疸

三、简答题

1. 简述肝脏在糖、脂类、蛋白质、维生素和激素代谢中的作用。
2. 简述胆汁酸的生理功能。
3. 根据血、尿标本化验结果如何区别溶血性、阻塞性和肝细胞性黄疸?

四、论述题

1. 试述生物转化作用的概念、反应类型和影响因素。
2. 简述胆色素的正常代谢过程，并讨论鉴别溶血性、阻塞性和肝细胞性黄疸的生化原理。
3. 说明严重肝病患者可能出现以下表现的生化原因：①水肿；②黄疸；③肝性昏迷；④出血倾向。

参考答案

一、选择题

A 型题

1. C	2. A	3. E	4. C	5. C	6. B	7. C	8. D	9. B
10. E	11. A	12. C	13. A	14. A	15. E	16. C	17. D	18. A
19. E	20. A	21. A	22. C	23. D	24. B	25. E	26. D	27. C
28. A	29. D	30. A	31. D	32. E	33. E	34. D	35. E	

B 型题

1. D	2. E	3. C	4. A	5. B	6. C	7. D	8. A	9. B
10. A	11. C	12. B	13. D	14. B	15. E	16. C	17. E	18. A
19. C	20. B	21. D	22. A					

二、名词解释

1. 非营养物质在体内经过氧化、还原、水解和结合等代谢变化，使其极性（水溶性）增加，易于随胆汁或尿液排出体外，这一过程称为生物转化。肝是生物转化的主要器官。

2. 在肝细胞内以胆固醇为原料合成的胆汁酸称初级胆汁酸。游离型初级胆汁酸包括胆酸和鹅脱氧胆酸；结合型初级胆汁酸有 4 种，分别是甘氨胆酸、牛磺胆酸、甘氨鹅脱氧胆酸和牛磺鹅脱氧胆酸。

3. 又称羟化酶或混合功能氧化酶。它存在于微粒体中，催化如下反应：

$$NADPH + H^+ + O_2 + RH \rightarrow NADP^+ + H_2O + ROH$$

加单氧酶系与体内很多重要活性物质的合成、灭活以及外源性药物、毒物代谢有密切关系。

4. 肝合成的初级胆汁酸随胆汁进入肠道后转变为次级胆汁酸。肠道中95%的胆汁酸可经门静脉被重吸收入肝，并同新合成的胆汁酸一起再次被排入肠道，此循环过程称为胆汁酸的肠肝循环。它使少量的胆汁酸最大限度地发挥其生理作用，具有重要的生理意义。

5. 胆红素在肝中与葡萄糖醛酸结合后的产物称为结合胆红素，又称为肝胆红素或直接胆红素。结合胆红素水溶性增加，可随胆汁排泄。

6. 当体内胆红素生成过多，或肝摄取、结合、排泄障碍时，可引起血浆胆红素浓度升高，大量金黄色的胆红素扩散进入组织，造成皮肤、黏膜和巩膜黄染，称为黄疸。

三、简答题

1. (1) 在糖代谢中，肝是通过肝糖原的合成、分解和糖异生作用来维持血糖浓度的恒定，确保全身各组织的能量供应。

(2) 肝在脂类的消化、吸收、分解、合成及运输等过程中均起重要作用。例如肝合成的胆汁酸盐是乳化剂；酮体、脂蛋白中的VLDL和HDL、催化胆固醇酯生成的酶LCAT只能在肝内生成。

(3) 肝能合成多种血浆蛋白质，如清蛋白、凝血酶原、纤维蛋白原等；通过鸟氨酸循环，氨基酸分解生成尿素的过程也只能在肝中进行。

(4) 肝在维生素的吸收、贮存和转化等方面均有重要作用。例如脂溶性维生素是随着脂肪的吸收而吸收的；肝是维生素A、E、K和B_{12}的主要贮存场所等。

(5) 肝参与激素的灭活，如对雌激素的灭活不好可导致肝掌或蜘蛛痣。

2. (1) 胆汁酸主要的功能是促进脂类的消化和吸收。

(2) 胆汁酸可抑制胆汁中胆固醇的析出。

(3) 通过抑制7α-羟化酶和HMG-CoA还原酶的活性，负反馈调节胆汁酸和胆固醇的生物合成等。

3. 血、尿检查可作为鉴别三种黄疸的依据，详见下表：

检测指标	正常	溶血性黄疸	阻塞性黄疸	肝细胞性黄疸
血液				
总胆红素	<1mg/dl	增加	增加	增加
结合胆红素	0～0.8mg/dl	不变或微增	显著增加	增加
游离胆红素	<1mg/dl	显著增加	不变或微增	增加
尿液				
尿胆红素	—	—	有	有
尿胆素原	少量	增加	减少或无	不定
尿胆素	少量	增加	减少或无	不定
粪便				
尿胆素原	40～280mg/24h	显著增加	减少或无	减少
粪便颜色	正常	加深	变浅或陶土色	变浅或正常

四、论述题

1.（1）非营养物质在体内经过氧化、还原、水解和结合等代谢变化，使其极性（水溶性）增加，易于随胆汁或尿液排出体外，这一过程称为生物转化。肝是生物转化的主要器官。

（2）生物转化的主要反应类型分为第一相反应和第二相反应，第一相反应包括氧化、还原和水解反应，第二相反应为结合反应。

（3）生物转化作用受年龄、性别及疾病等因素影响，也受到药物或毒物的诱导。

2.（1）衰老的红细胞被单核-吞噬细胞系统破坏后释出血红素，在血红素加氧酶催化下，生成胆绿素，再在胆绿素还原酶催化下转变成脂溶性的胆红素。

（2）胆红素进入血液后，与清蛋白结合为血胆红素而运输。

（3）血胆红素被肝细胞摄取后，与Y蛋白或Z蛋白结合，运送到内质网，在葡萄糖醛酸转移酶催化下生成肝胆红素。

（4）肝胆红素随胆汁进入肠道，在肠菌酶作用下生成无色的胆素原，大部分胆素原随粪便排出，被空气氧化成黄色的粪胆素；小部分经门静脉被肝重吸收，又再分泌入肠道，进行胆素原的肠肝循环。

（5）重吸收的胆素原小部分进入体循环，经肾由尿排出，尿胆素原被空气氧化成黄色的尿胆素。

（6）通过病因、血、尿、便检查，可鉴别三种黄疸，详见《医学生物化学》（第四版）表14－3。

3.（1）其一，清蛋白是维持血浆胶体渗透压最主要的蛋白质，只在肝内合成，肝病患者清蛋白合成减少，血浆胶体渗透压降低，是水肿的主要原因；其二，慢性肝细胞坏死，纤维组织增生等可造成门脉高压、肝硬化、静脉血回流受阻，可加重水肿；其三，肝功能障碍，激素灭活作用减弱，血中醛固酮和抗利尿激素水平升高，使Na^+、Cl^-、H_2O的重吸收增加，尿量减少，患者出现水肿或腹水。

（2）严重肝病患者肝细胞坏死，对胆红素摄取、结合、排泄障碍；由于纤维增生，肝组织结构发生改变，毛细胆管阻塞，压力过高导致破裂，直接胆红素逆流回血，造成血液总胆红素升高，出现黄疸。重氮试剂反应呈双向阳性，尿中出现胆红素。

（3）由于肝功能严重受损，鸟氨酸循环障碍导致血氨过高。氨本身有毒，它与α-酮戊二酸结合为谷氨酸时，消耗了大量α-酮戊二酸，影响脑中三羧酸循环的进行，产能减少，使脑供能不足而出现肝性昏迷。

（4）肝功能障碍可导致胆汁酸盐分泌减少，影响维生素K的吸收；维生素K吸收减少和肝细胞的坏死，使肝中合成的凝血因子Ⅱ、Ⅶ、Ⅸ、Ⅹ减少，导致出血倾向。

（徐世明　王宏娟）

第十五章　血液的生物化学

测试题

一、选择题

A 型题

1. 正常血浆总蛋白质的含量为
   A. 65～85g/L
   B. 40～55g/L
   C. 20～30g/L
   D. 25～35g/L
   E. 80～100g/L
2. 成熟红细胞中能量主要来源于
   A. 糖有氧氧化
   B. 糖酵解
   C. 糖异生作用
   D. 脂肪酸氧化
   E. 氨基酸分解代谢
3. 下列关于血浆蛋白质的叙述错误的是
   A. 血浆蛋白质在生理 pH 条件下大多带负电荷
   B. 血浆蛋白质主要由肝合成
   C. 清蛋白可结合运输胆红素
   D. 清蛋白是维持血浆胶体渗透压的主要成分
   E. 清蛋白属于免疫球蛋白类
4. 在 pH 8.6 缓冲液中进行血清蛋白醋酸纤维素薄膜电泳，泳动最快的成分是
   A. α_1-球蛋白
   B. α_2-球蛋白
   C. β-球蛋白
   D. γ-球蛋白
   E. 清蛋白
5. 血清与血浆的主要区别是
   A. 血清中不含钙离子
   B. 血清中不含 γ-球蛋白
   C. 血清中不含纤维蛋白原
   D. 血清中不含任何凝血因子
   E. 血清中不含有形成分
6. 维持血浆胶体渗透压的主要因素是
   A. 无机离子含量
   B. 葡萄糖浓度
   C. 脂类含量
   D. 清蛋白浓度
   E. 球蛋白浓度
7. 结合并运输血浆中胆红素的蛋白质是
   A. 补体
   B. α-球蛋白
   C. 清蛋白
   D. β-球蛋白
   E. γ-球蛋白
8. 免疫球蛋白主要分布的电泳区带是
   A. 清蛋白
   B. α_1-球蛋
   C. α_2-球蛋白
   D. β-球蛋白
   E. γ-球蛋白
9. 补体的化学本质是
   A. 无机离子
   B. 蛋白质
   C. 磷脂
   D. 糖类
   E. 核酸
10. 血浆非蛋白质含氮化合物中含量最多的是
    A. 胆红素

B. 尿素
C. 尿酸
D. 肌酸
E. 肌酸酐

11. 成熟红细胞中不存在的代谢过程是
A. 糖酵解
B. 磷酸戊糖途径
C. 2,3-二磷酸甘油酸旁路
D. 血红素合成全过程
E. 谷胱甘肽还原

12. 下列属于血浆功能酶的是
A. 胰淀粉酶
B. 胰蛋白酶
C. 丙氨酸氨基转移酶
D. 天冬氨酸氨基转移酶
E. 卵磷脂胆固醇脂酰基转移酶

13. 硫酸铵盐浓度必须达到饱和时才能析出的血浆蛋白质是
A. 清蛋白
B. α_1-球蛋白
C. α_2-球蛋白
D. β-球蛋白
E. γ-球蛋白

14. 红细胞中谷胱甘肽还原反应的供氢体是
A. NADH
B. NADPH
C. $FADH_2$
D. $FMNH_2$
E. $CoQH_2$

15. 血红素生物合成的限速酶是
A. ALA 合酶
B. ALA 脱水酶
C. 胆色素原脱氨酶
D. 尿卟啉原Ⅲ脱羧酶
E. 亚铁螯合酶

16. 可降低血红蛋白与氧亲和力的物质是
A. 1,6-二磷酸果糖
B. 1,3-二磷酸甘油酸
C. 2,3-二磷酸甘油酸
D. 葡萄糖醛酸
E. 3-磷酸甘油醛

17. 参与 ALA 合酶作用的维生素是
A. Vit B_1
B. Vit B_2
C. Vit B_6
D. Vit B_{12}
E. Vit PP

18. 作为血红素合成原料的氨基酸是
A. 丙氨酸
B. 苯丙氨酸
C. 酪氨酸
D. 甘氨酸
E. 甲硫氨酸

B 型题

(1～4 题共用备选答案)
A. 清蛋白
B. α_1-球蛋白
C. α_2-球蛋白
D. β-球蛋白
E. γ-球蛋白

1. 人体血浆中含量最多的蛋白质是
2. 肝合成最多的蛋白质是
3. 对血浆胶体渗透压贡献最大的蛋白质是
4. 可以起到免疫防御作用的蛋白质是

(5～7 题共用备选答案)
A. ALA 合酶
B. 磷酸吡哆醛
C. ALA 脱水酶
D. 亚铁螯合酶
E. 促红细胞生成素

5. 属于红细胞生成主要调节剂的是
6. ALA 合酶的辅基是
7. 需还原剂维持其调节血红素合成功能的是

二、名词解释

1. 非蛋白氮（NPN） 2. 尿素氮（BUN） 3. 2,3-BPG旁路 4. 血浆功能酶
5. 血清

三、简答题

1. 成熟红细胞的代谢主要有哪些特点？
2. 影响血红素合成的因素有哪些？
3. NADPH-谷胱甘肽还原体系在维持红细胞结构与功能上有何意义？

四、论述题

1. 试述血浆蛋白质的分类和功能。
2. 试述蚕豆病的发病机制。

参考答案

一、选择题

A型题

1. A 2. B 3. E 4. E 5. C 6. D 7. C 8. E 9. B
10. B 11. D 12. E 13. A 14. B 15. A 16. C 17. C 18. D

B型题

1. A 2. A 3. A 4. E 5. E 6. B 7. A

二、名词解释

1. 非蛋白氮（NPN）：指血浆中非蛋白类含氮化物，是尿素、尿酸、肌酸、肌酐、氨、胆红素等中的氮的总称。

2. 尿素氮（BUN）：指血浆中尿素所含的氮。占血浆非蛋白氮的50%。

3. 2,3-BPG旁路：成熟红细胞中，1,3-BPG在2-磷酸甘油酸变位酶作用下生成2,3-BPG，在2,3-BPG磷酸酶作用下生成3-磷酸甘油酸，沿糖酵解途径继续分解。

4. 血浆功能酶：这类酶绝大多数由肝细胞合成后分泌入血，主要在血浆中发挥催化功能，如凝血及纤溶系统的多种蛋白水解酶。

5. 血清：血液凝固后析出的淡黄色透明液体称血清，其中不含有纤维蛋白原。

三、简答题

1. 成熟红细胞除细胞膜和细胞质外，无其他细胞器，所以有其代谢特点：

（1）成熟红细胞获得能量的唯一途径是糖酵解。

（2）红细胞的糖酵解途径还存在2,3-二磷酸甘油酸［2,3-BPG］旁路。

（3）红细胞中有少量葡萄糖可通过磷酸戊糖途径代谢。

（4）成熟红细胞不能从头合成脂肪酸、核酸及蛋白质，也不能进行有氧氧化。

2. 影响血红素合成的因素有

（1）血红素可反馈抑制 ALA 合酶的活性。

（2）促红细胞生成素诱导 ALA 合酶的合成。

（3）某些类固醇激素（如雄激素和雌二醇）诱导 ALA 合酶的合成。

（4）一些杀虫剂、致癌物等可以诱导 ALA 合酶的合成。

（5）铅抑制 ALA 脱水酶、亚铁螯合酶的活性。

3. NADPH 对于维持细胞内还原型谷胱甘肽的含量非常重要，而还原型谷胱甘肽保护红细胞膜蛋白、血红蛋白及许多酶的巯基免受氧化剂的毒害，从而维持细胞正常功能。

四、论述题

1. 血浆蛋白质的分类和功能

（1）分类：①电泳法分类：用醋酸纤维素薄膜电泳可将血清蛋白质分为清蛋白、α_1-球蛋白、α_2-球蛋白、β-球蛋白和 γ-球蛋白。②盐析法分类：可将血浆蛋白质分成清蛋白、球蛋白及纤维蛋白原。

（2）功能：①维持血浆胶体渗透压；②维持血浆的正常 pH；③运输作用；④免疫作用；⑤催化作用；⑥营养作用；⑦凝血、抗凝血和纤溶作用。

2. 红细胞磷酸戊糖途径产生的 NADPH 可维持细胞内还原型谷胱甘肽的含量，以保护红细胞膜蛋白、血红蛋白和酶蛋白等不被氧化，维持细胞的正常功能。蚕豆病患者缺乏 6-磷酸葡萄糖脱氢酶，磷酸戊糖途径不能正常进行，NADPH 生成障碍，还原型谷胱甘肽不足。服用蚕豆或某些药物（如磺胺类、阿司匹林等）后过氧化氢和超氧化物生成增加，膜蛋白、血红蛋白和酶蛋白等得不到还原型谷胱甘肽的保护而被氧化，以致大量红细胞被破坏而造成溶血性贫血。

（程　凯）

第十六章　骨骼与钙磷代谢

测试题

一、选择题

A 型题

1. 体内含量最多的无机盐是
   A. 磷
   B. 钾
   C. 钙
   D. 钠
   E. 氯
2. 影响钙吸收的最主要因素是
   A. 年龄
   B. 肠道 pH
   C. 食物性质
   D. 活性维生素 D
   E. 食物中钙含量
3. 磷主要排泄途径为
   A. 肾
   B. 肝
   C. 皮肤
   D. 肠道
   E. 胆道
4. 血浆结合钙主要指
   A. 柠檬酸钙
   B. 蛋白结合钙
   C. 碳酸钙
   D. 磷酸钙
   E. 氢氧化钙
5. 血浆中非扩散钙是指
   A. 血浆蛋白结合钙
   B. 柠檬酸钙
   C. 碳酸氢钙
   D. 离子钙
   E. 磷酸钙
6. 正常成人血浆中［Ca］×［P］乘积是
   A. 35～40
   B. 25～30
   C. 45～50
   D. 50～55
   E. 55～60
7. 骨盐的最主要成分是
   A. 羟磷灰石
   B. 磷酸氢钙
   C. 碳酸氢钙
   D. 柠檬酸钙
   E. 氢氧化钙
8. 促进成骨作用的酶是
   A. 酸性磷酸酶
   B. 乳酸脱氢酶
   C. 丙酮酸脱氢酶
   D. 碱性磷酸酶
   E. 胆碱酯酶
9. 维生素 D 的活性形式是
   A. 维生素 D_3
   B. 维生素 D_2
   C. 24-羟维生素 D_3
   D. 5-羟维生素 D_3
   E. 1,25-二羟维生素 D_3
10. 维生素 D_3原是指
    A. 胆固醇
    B. 麦角固醇
    C. 7-脱氢胆固醇
    D. 丙二醇
    E. 胆钙化醇

11. 下列不属于成骨作用的是
   A. 骨的有机质形成
   B. 骨盐的沉积
   C. 骨盐的形成
   D. 骨的有机质水解
   E. 碱性磷酸酶活性降低
12. 1,25-二羟维生素 D_3 对骨盐的作用是
   A. 促进骨质钙化，抑制骨钙游离
   B. 促进骨钙游离，抑制骨质钙化
   C. 既促进骨钙游离，又促进骨质钙化
   D. 既抑制骨钙化，又抑制骨钙游离
   E. 促进骨质钙化
13. 正常人血浆碱性磷酸酶的活性单位（布氏单位）是
   A. 3～15
   B. 5～15
   C. 5～11
   D. 5～13
   E. 4～15
14. 关于磷的生理功能的描述错误的是
   A. RNA 的组成成分
   B. 胆固醇的组成成分
   C. 磷脂的组成成分
   D. DNA 的组成成分
   E. ATP 的组成成分
15. 促进成骨作用的酶是
   A. 酸性磷酸酶
   B. 乳酸脱氢酶
   C. 丙酮酸脱氢酶
   D. 碱性磷酸酶
   E. 胆碱酯酶
16. 下列不属于碱性磷酸酶活性增高表现的是
   A. 佝偻病
   B. 骨软化症
   C. 甲状旁腺功能低下
   D. 甲状旁腺功能亢进
   E. 骨折
17. 不属于患佝偻病婴儿临床表现的是
   A. “X”型或“O”型腿
   B. 鸡胸
   C. 方颅
   D. 低血钙
   E. 高血磷
18. 不属于甲状旁腺素功能的是
   A. 提高血钙
   B. 降低血磷
   C. 酸化血液
   D. 抑制钙磷吸收
   E. 促进骨盐溶解

B 型题

（1～3 题共用备选答案）
   A. 提高血钙和血磷
   B. 降低血钙和血磷
   C. 提高血钙，降低血磷
   D. 提高血磷，降低血钙
   E. 促进骨质钙化
1. 1,25-二羟维生素 D_3 的功能是
2. 甲状旁腺素功能是
3. 降钙素的功能是

（4～7 题共用备选答案）
   A. 肝
   B. 肾
   C. 肠道
   D. 胆道
   E. 皮肤
4. 钙主要排泄途径为
5. 磷主要排泄途径为
6. 25-羟维生素 D_3 生成的部位是
7. 1,25-二羟维生素 D_3 生成的部位是

二、名词解释

1. 第二信使　2. 血钙　3. 非扩散钙　4. 成骨作用　5. 骨的更新

三、简答题

1. 简述钙离子的生理功能。
2. 简述血钙的存在形式。
3. 简述磷的生理功能。

四、论述题

1. 叙述 1,25 -二羟维生素 D_3对钙磷代谢的调节作用。
2. 老年人易发生骨质疏松的生化机制是什么?

参考答案

一、选择题

A 型题

1. C　2. D　3. A　4. B　5. A　6. A　7. A　8. D　9. E
10. C　11. E　12. C　13. B　14. B　15. D　16. C　17. E　18. C

B 型题

1. A　2. C　3. B　4. C　5. B　6. A　7. B

二、名词解释

1. 第二信使：细胞外液激素信号可转变成靶细胞内起信息传递和放大作用的小分子物质，称第二信使。
2. 血钙：血钙是指血浆中的总钙，包括结合钙和离子钙。
3. 非扩散钙：血浆结合钙不能透过毛细血管壁，所以称非扩散钙。
4. 成骨作用：指骨的有机质形成和骨盐的沉积过程。
5. 骨的更新：成骨作用与溶骨作用以等速度交替进行称骨的更新。

三、简答题

1. 钙除作为骨骼和牙齿的组成成分外，还具有多种功能：
(1) 作为第二信使通过“Ca^{2+}依赖性蛋白激酶途径”发挥对细胞功能的调节作用；
(2) 可降低毛细血管和细胞膜通透性；
(3) 降低肌肉的兴奋性；
(4) 增加心肌的兴奋性；
(5) 钙离子还参与血液凝固；
(6) 影响酶的活性。
2. 血钙的存在形式：
(1) 血钙含量约为 2.5～2.75mmol/L，以离子钙和结合钙两种形式存在。
(2) 结合钙主要是蛋白结合钙和少量的柠檬酸钙等。
(3) 蛋白质结合钙不能通过毛细血管壁称非扩散钙。
(4) 离子钙及柠檬酸钙能通过毛细血管壁称扩散钙。

3. 磷作为骨骼和牙齿的组成成分外，还具有多种重要的生理功能：

（1）磷是DNA和RNA、磷脂及某些辅酶的组成成分；

（2）参与能量的合成与分解；

（3）参与酸碱平衡的调节作用；

（4）参与体内多种磷酸化反应；

（5）通过使多种功能蛋白和酶的磷酸化与脱磷酸化参与第二信使对细胞功能的调节。

四、论述题

1. 1,25-二羟维生素D_3对钙磷代谢的调节作用：

（1）促进小肠对钙磷的吸收与转运：①使细胞膜卵磷脂及不饱和脂肪酸含量增加，改变膜的组成和结构，增加细胞膜对钙的通透性。②作用于细胞核，加快DNA转录mRNA，并合成与Ca^{2+}吸收和转运有关的蛋白钙结合蛋白（CaBP)。③直接促进小肠对磷的吸收。

（2）1,25二羟维生素D_3促进骨组织的生长与更新：①提高破骨细胞的数量及活性，促进骨盐溶解，释放钙和磷。②与PTH协同，促进钙磷的周转，有利于新骨的钙化。

（3）加强肾小管对钙磷的重吸收作用。

2. 老年人容易发生骨质疏松的生化机制确定的因素有：

（1）内分泌紊乱：老年人体内性激素分泌明显下降，尤其是绝经期妇女，因雌激素分泌减少，成骨细胞得不到正常刺激，骨的有机质形成发生障碍，骨盐不能正常沉积，而导致骨质疏松。

（2）1-羟化酶活性降低：因老年人肾中1-羟化酶活性降低，使1,25-二羟维生素D_3在1位上羟化受阻，1,25-二羟维生素D_3生成量减少，影响肠道对钙磷的吸收，导致骨质钙化不全而易引起骨质疏松。

（袁丽杰）

第十七章　维生素与微量元素

测试题

一、选择题

A 型题

1. 下列不含维生素的辅酶是
   A. 磷酸吡哆醛
   B. NAD^+
   C. FAD
   D. CoQ
   E. CoA-SH
2. 患口腔炎（口角、唇、舌等）时应补充的维生素是
   A. 维生素 B_1
   B. 维生素 B_2
   C. 维生素 B_6
   D. 维生素 PP
   E. 维生素 C
3. 胶原蛋白合成时需要的维生素是
   A. 维生素 A
   B. 维生素 C
   C. 维生素 D
   D. 维生素 E
   E. 维生素 K
4. 关于脂溶性维生素的叙述不正确的是
   A. 其消化、吸收过程与脂类一起进行
   B. 在血中的运输需结合载脂蛋白或特殊载体
   C. 体内有一些储存，但积蓄时易中毒
   D. 肠道细菌合成可满足人体所需
   E. 多数与构成辅酶无直接关系
5. 下列维生素或其衍生物作为辅酶发挥作用，错误的组合是
   A. 生物素——羧化
   B. 泛酸——转酰基
   C. 叶酸——还原
   D. 吡哆醛——转氨基
   E. 烟酰胺——传递氢
6. 缺乏后不导致丙酮酸堆积的维生素是
   A. 维生素 B_1
   B. 维生素 B_2
   C. 维生素 B_6
   D. 维生素 PP
   E. 泛酸
7. 维生素 B_1 严重缺乏可引起
   A. 口角炎
   B. 佝偻病
   C. 脚气病
   D. 恶性贫血
   E. 坏血病
8. 唯一含金属元素的维生素是
   A. 生物素
   B. 硫辛酸
   C. 维生素 B_6
   D. 维生素 PP
   E. 维生素 B_{12}
9. 既是氨基酸转氨酶的辅酶又是氨基酸脱羧酶的辅酶的是
   A. 生物素
   B. 硫辛酸
   C. 维生素 B_6
   D. 维生素 PP
   E. 维生素 B_{12}
10. 下列属于类固醇衍生物的维生素是

A. 生物素
B. 硫辛酸
C. 维生素 PP
D. 维生素 D
E. 维生素 B_{12}

11. 以 FAD 为辅酶的脱氢酶是
A. 琥珀酸脱氢酶
B. 异柠檬酸脱氢酶
C. 苹果酸脱氢酶
D. 乳酸脱氢酶
E. 6-磷酸葡萄糖脱氢酶

12. 有磷酸吡哆醛参与的酶促反应是
A. 转甲基作用
B. 脱氨基作用
C. 转酰基作用
D. 羧化作用
E. 转氨基作用

13. 维生素 C 缺乏时可患
A. 白血病
B. 败血病
C. 坏血病
D. 痛风症
E. 贫血症

14. 维生素 A 存在于自然界黄、红色植物中，最主要的是
A. α-胡萝卜素
B. β-胡萝卜素
C. γ-胡萝卜素
D. δ-胡萝卜素
E. ε-胡萝卜素

15. 不含核苷酸的辅酶是
A. FAD
B. FMN
C. $NADP^+$
D. FH_4
E. CoA-SH

16. 谷胱甘肽过氧化物酶中含有的微量元素为
A. 锌
B. 镁
C. 铜
D. 锰
E. 硒

17. 下列属于细胞色素氧化酶组分的是
A. 锌
B. 镁
C. 铜
D. 锰
E. 硒

18. 铁在血液中的运输形式是
A. Fe^{2+}
B. Fe^{3+}
C. Fe^{3+}-运铁蛋白
D. Fe^{2+}-运铁蛋白
E. Fe^{2+}-白蛋白

19. 下列属于超氧化物歧化酶组成成分的微量元素是
A. 氟
B. 钴
C. 镍
D. 锰
E. 硒

20. 缺乏后会导致地方性甲状腺肿的微量元素是
A. 锌
B. 氟
C. 碘
D. 镁
E. 锰

21. 不含铁元素的蛋白或酶是
A. 肌红蛋白
B. 过氧化物酶
C. 过氧化氢酶
D. 细胞色素
E. 转甲基酶

22. 缺乏易引发龋齿的微量元素是
A. 氩
B. 氟
C. 碘
D. 镁

E. 钴

23. 缺乏可引起味觉丧失、食欲减退和性功能障碍等的微量元素是
    A. 锌
    B. 钼
    C. 铬
    D. 铜
    E. 钒
24. 有利于铁的运输和利用的微量元素是
    A. 钴
    B. 钼
    C. 铬
    D. 镁
    E. 铜
25. 与克山病、大骨节病有关的微量元素是
    A. 铜
    B. 硒
    C. 碘
    D. 锌
    E. 氟

B 型题

（1～4 题共用备选答案）
    A. 维生素 A
    B. 维生素 B_1
    C. 维生素 B_2
    D. 维生素 C
    E. 维生素 D
1. 发生脚气病的原因通常是缺乏
2. 发生小儿佝偻病的原因通常是缺乏
3. 发生坏血病的原因通常是缺乏
4. 发生夜盲症的原因通常是缺乏

（5～9 题共用备选答案）
    A. 递氢作用
    B. 转氨基作用
    C. 转酮醇作用
    D. 转酰基作用
    E. 转运 CO_2 作用
5. TPP 作为辅酶参与
6. FMN、FAD、NAD^+ 作为辅酶参与
7. 磷酸吡哆醛作为辅酶参与
8. CoA-SH 作为辅酶参与
9. 生物素作为辅助因子参与

（10～12 题共用备选答案）
    A. 维生素 B_1
    B. 维生素 B_6
    C. 维生素 B_{12}
    D. 维生素 PP
    E. 叶酸
10. 缺乏会影响一碳单位代谢与核苷酸合成的是
11. 结构中含金属元素钴的维生素是
12. 人体可合成或少量合成的维生素是

（13～17 题共用备选答案）
    A. FH_4
    B. NAD（P）$^+$
    C. FMN（FAD）
    D. TPP
    E. CoA-SH
13. 维生素 B_1 的活性形式是
14. 维生素 B_2 的活性形式是
15. 维生素 PP 的活性形式是
16. 泛酸的活性形式是
17. 叶酸的活性形式是

（18～20 题共用备选答案）
    A. 铁
    B. 锌
    C. 铜
    D. 锰
    E. 碘
18. 参与组成甲状腺激素的是
19. 血红素中含有的元素是
20. 细胞色素氧化酶除含铁元素外还含有

二、名词解释

1. 维生素　2. 维生素缺乏症　3. 微量元素

三、简答题

简述维生素的特点。

四、论述题

1. 经常高蛋白膳食的人为什么维生素 B_6 的需要量增多？
2. 为什么鸡蛋不宜生食？

参考答案

一、选择题

A 型题

1. D	2. B	3. B	4. D	5. C	6. C	7. C	8. E	9. C
10. D	11. A	12. E	13. C	14. B	15. D	16. E	17. C	18. C
19. D	20. C	21. E	22. B	23. A	24. E	25. B		

B 型题

1. B	2. E	3. D	4. A	5. C	6. A	7. B	8. D	9. E
10. E	11. C	12. D	13. D	14. C	15. B	16. E	17. A	18. E
19. A	20. C							

二、名词解释

1. 维生素是机体维持正常生理功能所必需，但在体内不能合成或合成量不足，必须由食物供给的一组低分子量有机化合物。

2. 由于维生素在体内不断进行新陈代谢，所以长期摄入不足、吸收障碍、需求增加等因素可引起维生素的缺乏，造成机体物质代谢和生理功能异常，称维生素缺乏病。

3. 微量元素是指占体重万分之一以下，每日需要量小于 100mg 的元素，主要包括铁、碘、铜、锌、锰、硒、氟、钼、钴、铬、镍、钒、硅、锡等。主要来源于食物，虽然含量甚微，但其生理功能却十分重要。

三、简答题

维生素的特点：①低分子量有机化合物；②体内不能合成或合成量不足，必须由体外供给；③人体对其需要量甚少（每日仅需毫克或微克量）；④是机体维持正常物质代谢和生理功能所必需；⑤缺乏时可致缺乏症，针对性治疗可使症状得以缓解或痊愈。

四、论述题

1. 磷酸吡哆醛是氨基酸代谢过程中多种酶的辅酶，如氨基酸转氨酶与氨基酸脱羧酶的辅酶均是磷酸吡哆醛。经常高蛋白膳食者，其体内氨基酸合成、分解及转变旺盛，故维生素

B_6的需要量增多。

2. 新鲜的鸡蛋清中含有抗生物素蛋白，它能与生物素结合，在肠道中可干扰生物素的吸收。如经常多食生鸡蛋，可能造成生物素的缺乏。

（王宏娟　徐世明）

第十八章　细胞增殖调控分子

测 试 题

一、名词解释

1. 癌基因　　2. 原癌基因　　3. 肿瘤抑制基因　　4. 生长因子

二、简答题

1. 试述癌基因激活的机制。
2. 按细胞信号转导系统中作用的不同，简述癌基因的表达产物分类。

三、论述题

1. 试述癌基因、肿瘤抑制基因及生长因子在肿瘤发生中的作用。
2. 以 P53 为例，说明抑癌基因的作用机制。

参考答案

一、名词解释

1. 癌基因是指其编码产物与细胞的肿瘤性转化有关的基因。

2. 原癌基因是存在于生物正常基因组中的癌基因。

3. 肿瘤抑制基因是一种抑制细胞生长和肿瘤形成的基因，在生物体内与癌基因功能相抵抗，共同保持生物体内正负信号相互作用的相对稳定。

4. 生长因子是一类通过与特异的、高亲和的细胞膜受体结合，调节细胞生长与其他细胞功能等多效应的多肽类物质。

二、简答题

1. 癌基因激活的机制有：①启动子插入；②点突变；③转座子跳跃；④染色体易位与重排；⑤基因扩增。

2. 癌基因的表达产物可分为四类：细胞外的生长因子及其受体类；跨膜生长因子受体；胞内信号转导分子类；核内转录因子。

三、论述题

1. （1）癌基因是指其编码产物与细胞的肿瘤性转化有关的基因。在正常情况下，癌基因处于静止状态或低表达状态，不仅对细胞无害，而且对维持细胞正常功能具有重要作用，但异常表达时，其产物可使细胞无限制分裂，引起细胞恶变形成肿瘤。

（2）肿瘤抑制基因是一种抑制细胞生长和肿瘤形成的基因，在生物体内与癌基因功能相抵抗，共同保持生物体内正负信号、相互作用的相对稳定。

（3）生长因子是一类通过与特异的、高亲和的细胞膜受体结合，调节细胞生长与其他细胞功能等多效应的多肽类物质。许多癌基因表达产物有的属于生长因子或者生长因子受体；有的属于胞内信息传递体或核内转录因子。发生突变的原癌基因可能生成上述产物的变异体，后者的生成及过量表达导致细胞生长、增殖失控，引起肿瘤病变。

2. P53基因是目前研究最多的抑癌基因，它的基因产物在DNA转录、细胞生长和增殖以及许多代谢过程中有重要作用。P53定位于染色体17p13，其表达及翻译后修饰状态也与细胞周期相关。P53蛋白可以阻滞DNA受损细胞不能通过G1期，而使细胞有足够的时间修复损伤的DNA；如果损伤不能修复，则诱导细胞凋亡，从而避免产生具有癌变倾向的基因突变细胞。P53蛋白可通过多种途径诱导G1期停滞。首先，P53蛋白可以通过诱导$P21^{WAP1/Cip1}$基因转录，抑制各型Cyclin-CDK复合体对Rb的磷酸化而使Rb处于非磷酸化状态，从而抑制细胞周期由G1期向S期过渡；其次，通过诱导GADD45基因引起G1期停滞，修复DNA损伤；第三，P53蛋白还可以与TATA结合蛋白结合，抑制c-fos、c-jun、PCNA及P53基因的自身转录，抑制细胞增殖；第四，P53蛋白与复制因子A相互作用，抑制DNA复制。P53蛋白一方面抑制细胞生长，诱导细胞凋亡；另一方面在G1期监视细胞基因组完整性，促使损伤DNA修复，抑制肿瘤发生。P53突变可促进细胞恶性转化，细胞凋亡减少。

（赵　颖）

第十九章　组学与医学

测试题

一、选择题

A 型题

1. 按照中心法则，“组学”分类不包括
   A. 基因组学
   B. 转录组学
   C. 蛋白质组学
   D. 脂类组学
   E. 代谢组学
2. 遗传作图的基础是
   A. 连锁关系分析
   B. 荧光原位杂交
   C. 限制性酶切位点作图
   D. 序列标记位点作图
   E. DNA 测序
3. 物理图谱的距离表示是
   A. 厘米
   B. 厘摩尔根
   C. 碱基对
   D. 遗传标志位点
   E. 序列标志位点
4. DNA 测序工作的第一步是
   A. 遗传图谱制作
   B. 连锁图制作
   C. 转录图制作
   D. 物理图谱制作
   E. 限制性酶切图制作
5. 功能基因组学研究的主要任务是
   A. 基因组图和大规模的基因测序
   B. 比较、鉴定基因组，探索生物进化
   C. 揭示基因组全部 DNA 序列及组成
   D. 注释、分析基因组中基因及非基因序列及其功能
   E. 揭示基因组转录和翻译的变化差异
6. 对于转录组学，下面描述不正确的是
   A. 一门在整体水平上研究细胞中基因转录的情况及转录调控规律的学科
   B. 从 RNA 水平研究基因表达的情况及转录调控规律的科学
   C. 它的研究包含了时间和空间的限制
   D. 它研究特殊阶段、状态下，细胞和组织转录水平表达谱的变化
   E. miRNA 参与调控基因转录的研究不属于转录组学研究范畴
7. 转录组学分析的重要策略和手段是
   A. 生物芯片技术
   B. 分子杂交技术
   C. 电泳技术
   D. 印迹技术
   E. 免疫技术
8. 寻找和鉴别药物新靶点最有效的途径是
   A. 基因组学研究
   B. 转录组学研究
   C. 功能基因组学研究
   D. 蛋白质组学研究
   E. 代谢组学研究
9. 对于蛋白质组学，下面描述不正确的是
   A. 同一个基因可以转录多种 mRNA，并翻译成为多种蛋白质

B. 一个基因组对应一个蛋白质组
C. 蛋白质的数目等于基因的数目
D. 蛋白质表达受时间和空间的限制，不同状态和环境下，蛋白质表达谱是动态变化的
E. 蛋白质组学集中于动态描述基因调节

10. 不属于代谢组学研究范畴的是
A. 代谢酶的活性以及影响酶活性的因素的研究
B. 代谢指纹分析，定性或半定量分析细胞内外的代谢物
C. 调控细胞信号释放，能量传递，细胞间通信等的代谢物的靶标分析
D. 直接参与细胞的正常生长、发育和繁殖的小分子代谢物的结构和性质分析
E. 某一生物或细胞在一特定生理时期内所有的低分子量代谢产物的定性和定量分析

11. 所谓“代谢物”是特指
A. 代谢反应中的底物
B. 代谢反应中的产物
C. 代谢反应中的中间物
D. 代谢反应中的酶
E. 代谢反应中的底物、中间物和产物

12. 区别于基因组学、转录组学和蛋白质组学，代谢组学的研究是
A. 系统生物学的重要组成部分
B. 侧重于相关特定组分的共性、特性和规律
C. 依赖于生物信息学来处理获得的大量的数据
D. 只要研究思想是从全局观点
E. 研究生命现象的科学

13. 不符合基因诊断特点的是
A. 检测对象仅为自体基因
B. 特异性强
C. 灵敏度高
D. 样品获得便利
E. 易做出早期诊断

14. 目前基因诊断常用的分子杂交技术不包括
A. ASO 分子杂交
B. 反向点杂交
C. Northern blot
D. Western blot
E. Southern blot

15. 判断基因结构异常最直接的方法是
A. PCR 法
B. ASO 分子杂交
C. DNA 序列分析
D. 酶切技术
E. RFLP 分析

16. 内源基因结构突变发生在生殖细胞可引起
A. 遗传病
B. 肿瘤
C. 心血管疾病
D. 传染病
E. 高血压

17. 基因诊断所利用的原理是
A. 基因突变
B. 基因重组
C. DNA 分子杂交
D. 染色体突变
E. DNA 修复

18. 目前基因治疗不采用的方法是
A. 基因缺失
B. 基因矫正
C. 基因置换
D. 基因增补
E. 基因失活

19. 目前基因治疗中选用最多的基因载体是
A. 质粒
B. 噬菌体
C. 脂质体
D. 逆转录病毒

E. 腺病毒相关病毒

20. 下列不属于非病毒介导基因转移的物理方法

A. 电穿孔

B. 脂质体介导

C. DNA 直接注射法

D. 显微注射

E. 基因枪技术

21. 利用特定的反义核酸阻断变异基因异常表达的基因治疗方法是

A. 基因缺失

B. 基因矫正

C. 基因置换

D. 基因增补

E. 基因失活

22. 将变异基因进行修正的基因治疗方法是

A. 基因缺失

B. 基因矫正

C. 基因置换

D. 基因增补

E. 基因失活

B 型题

（1～3 题共用备选答案）

A. 序列标志位点

B. DNA 序列图

C. 限制性作图

D. 遗传图

E. 物理图

1. 采用遗传分析的方法将基因或其他 DNA 序列标定在染色体上构建连锁图

2. 用分子生物学方法直接检测 DNA 标记在染色体上的实际位置绘制成的图谱

3. 将限制性酶切位点标定在 DNA 分子的相对位置

（4～6 题共用备选答案）

A. 代谢物靶标分析

B. 代谢谱分析

C. 代谢组学

D. 代谢指纹分析

E. 代谢群分析

4. 定量分析一个系统全部代谢物的是

5. 对特定代谢过程中的结构性质相关的预设代谢物系列进行定量分析的是

6. 定性或半定量分析细胞内外的全部代谢物的是

二、名词解释

1. 结构基因组学　2. 转录组　3. 二维凝胶电泳技术　4. ASO 分子杂交　5. 基因治疗　6. 基因增补

三、简答题

1. 何为组学？按照遗传信息传递方向组学主要包括哪些？
2. 基因组学中各亚领域分别是什么？简述各自主要研究内容和任务。
3. 简述如何进行药物新靶点的寻找和鉴别。
4. 简述基因治疗的基本过程。

四、论述题

1. 试述蛋白质组学研究与基因组学研究的区别。
2. 何为基因诊断和基因治疗？试述它们在未来医学中的发展前景。

参考答案

一、选择题

A 型题

1. D　2. A　3. C　4. D　5. D　6. E　7. A　8. D　9. C
10. A　11. E　12. B　13. A　14. D　15. C　16. A　17. C　18. A
19. E　20. B　21. E　22. B

B 型题

1. D　2. E　3. C　4. C　5. B　6. D

二、名词解释

1. 结构基因组学：以人类基因组作图为目标，包括遗传图谱、物理图谱、序列图谱以及转录图谱和大规模 DNA 序列，从而揭示人类基因组的全部 DNA 序列及基因结构、组成及定位。

2. 转录组：是指一个细胞内拥有的一套全部 mRNA 转录产物，可直接参与蛋白质翻译的编码 RNA 总和。

3. 二维凝胶电泳技术：分别通过等电聚焦技术和 SDS-PAGE 技术，将复杂蛋白混合物中的蛋白质按照等电点和分子量差异在二维平面上进行高分辨率的分离的技术。

4. ASO 分子杂交：即等位基因特异寡核苷酸分子杂交，能根据已知致病基因突变位点的核苷酸序列，人工设计合成两种寡核苷酸探针，对应于突变基因和正常基因，用它们分别与受检者的 DNA 进行分子杂交，根据杂交结果来判断受检者的基因型。

5. 基因治疗：是指将外源正常基因或有治疗作用的 DNA 片段导入靶细胞，纠正或补偿因基因缺陷和异常引起的疾病，以达到治疗目的。

6. 基因增补：指将目的基因导入病变细胞或其他细胞，不去除异常基因，而是通过目的基因的非定点整合，使其表达产物补偿缺陷基因的功能或使原有的功能得以加强。

三、简答题

1. “组学”就是指研究细胞、组织或整个生物体内某种分子（DNA、RNA、蛋白质、代谢物和其他分子）的所有组成内容的学科。按照遗传信息传递的方向性和生物信息学的分类，组学包括基因组学、转录组学、蛋白质组学、代谢组学。

2. 基因组学实际上包括结构基因组学、功能基因组学和比较基因组学。它们各自研究的内容和任务如下：

亚领域	主要任务
结构基因组学	人类基因组作图（遗传图谱、物理图谱、序列图谱以及转录图谱）和大规模 DNA 序列，揭示人类基因组的全部 DNA 序列及其组成。
功能基因组学	利用结构基因组所提供的信息，注释、分析整个基因组所包含的基因、非基因序列及其功能。
比较基因组学	模式生物基因组之间或与人基因组之间的比较和鉴定，为研究生物进化和预测新基因提供依据。

3. 蛋白质组学现在已经成为寻找疾病分子标记及发现和鉴别药物靶标最有效的途径，它通过比较正常体与病变体、给药前后蛋白质谱的变化，发现表达异常的蛋白质，这类蛋白质可作为药物作用的候选靶点，为疾病发生发展、药物作用和药物不良反应等提供相应的分子机制信息。

4. ①治疗性基因的获得；②选择载体构建含治疗基因的重组子；③靶细胞的选择；④将重组子转移进入靶细胞；⑤转导细胞的选择鉴定；⑥回输体内。

四、论述题

1. 蛋白质组的概念最先由澳大利亚 Wilkins 提出，指由一个细胞或组织表达的所有蛋白质。蛋白质组反映了特殊阶段、环境、状态下细胞或组织在翻译水平的蛋白质表达谱，对这一领域的研究称为蛋白质组学。

蛋白质组与基因组有许多不同之处，它随着组织、环境状态的不同而改变。转录时，一个基因可以有多种 mRNA 形式剪接，并且同一蛋白可能以许多形式进行翻译后的修饰，因此一个蛋白质组不是一个基因组的直接产物，其中蛋白质的数目有时可以超过基因组的数目，这种动态变化增加了蛋白质组学研究的复杂性。区别于基因组学的研究，蛋白质组学的研究集中于动态描述基因调节，对基因表达的蛋白质水平进行定量的测定，研究细胞内所有蛋白质的组成及其活动规律。

2. 基因诊断和基因治疗与传统的诊断方法和治疗手段不同，它们从基因水平探测、分析病因和疾病的发病机制，并采用针对性的手段矫正疾病紊乱状态，是近年来基础医学和临床医学新的研究方向。

基因诊断利用了现代分子生物学和分子遗传学的技术方法，直接检测基因结构及其表达水平是否正常，它的优越性在于以基因的结构异常或表达异常为切入点，而不是从疾病的表型开始，因此往往在疾病出现之前就可作出诊断，为疾病的预防和早期及时治疗赢得了时间。

基因治疗研究的进展也非常迅速，很短时间内就从实验室过渡到临床。目前已被批准的基因治疗方案有百例以上，包括肿瘤、艾滋病、遗传病和其他疾病等。在我国，血管内皮生长因子（VEGF）、血友病Ⅸ因子、抑癌基因 P53 等基因治疗的临床实施方案也已获我国有关部门的批准，进入临床试验。基因治疗给疾病治疗带来无限希望，但同时在实践过程中仍存在众多的挑战，比如提供更多可供利用的基因，设计定向整合的载体，如何高效持续表达导入基因，导入的基因缺乏可控性，基因转移中的副作用和抗体形成问题等。相信未来随着医学科技的不断发展，基因治疗将很快成为一种常规的治疗手段。

（张　萍）

第二十章　常用分子生物学技术的原理与应用

测试题

一、名词解释

1. PCR　2. RT-PCR　3. 酵母双杂交　4. 电泳迁移率变动测定
5. 染色质免疫沉淀　6. 基因剔除　7. 基因芯片

二、简答题

1. 简述至少3种由PCR技术衍生出来的技术及其应用。
2. 简述印迹技术的种类及应用。

三、论述题

1. 常用于研究DNA与蛋白质相互作用的方法有哪些？其原理分别是什么？
2. 常用于研究蛋白质与蛋白质相互作用的方法有哪些？其原理分别是什么？
3. 生物芯片的原理是什么？有何主要用途？

参考答案

一、名词解释

1. PCR：是一种在体外酶促扩增特定DNA片段的快速方法。

2. RT-PCR：是RNA反转录为cDNA和PCR过程的联合。

3. 酵母双杂交：是基于对酵母转录激活因子GAL4的研究。GAL4分子的DNA结合区（binding domain，BD）和转录激活区（activation domain，AD）被分开后将丧失对下游基因的转录激活作用，但是如果BD和AD分别融合了具有配对相互作用的两种蛋白质分子后，就可以依靠所融合的蛋白质分子之间的相互作用而恢复对下游基因的表达激活作用。

4. 电泳迁移率变动测定：是一种分析蛋白质和DNA序列体外相互结合的技术。

5. 染色质免疫沉淀：在活细胞状态下固定蛋白质-DNA复合物，并将其随机切断为一定长度范围内的染色质小片段，然后通过免疫学方法沉淀此复合体，再利用PCR技术特异性地富集目的蛋白结合的DNA片段，从而获得蛋白质与DNA相互作用的信息。

6. 基因剔除：对基因表达的整体人工干预不仅限于表达某种基因，也可以专一性地去除某种目的基因，这种有目的地去除生物体内某种基因的技术称为基因剔除，或基因靶向灭活。

7. 基因芯片：是一种大规模集成的固相杂交，是指在固相支持物上原位合成（in situ synthesis）寡核苷酸或者直接将大量预先制备的DNA探针以显微打印的方式有序地固化于支持物表面，然后与标记的样品杂交。

二、简答题

1. (1) 原位 PCR 技术：是将 PCR 与原位杂交相结合而发展起来的一项新技术。原位 PCR 方法弥补了 PCR 技术和原位杂交技术的不足，是将目的基因的扩增与定位相结合的一种最佳方法。

(2) 反转录 PCR：是 RNA 反转录为 cDNA 和 PCR 过程的联合。该技术主要用于分析基因的转录产物，获取目的基因，合成 cDNA 探针，构建 RNA 高效转录系统等。不过只能作为半定量手段应用。

(3) 实时荧光定量 PCR：是近年来发展起来的一种新的核酸微量分析技术。在实时 PCR 反应中，引入了一种荧光标记分子。随着 PCR 反应的进行，PCR 反应产物不断累积，荧光信号强度也等比例增加。每经过一个循环，收集一个荧光强度信号，这样就可以通过荧光强度变化监测产物量的变化，以此可以精确计算出样品中最初的含量差异。

2. (1) DNA 印迹技术：主要用于基因组 DNA 的分析，例如在基因组中特异基因的定位及检测等。

(2) RNA 印迹技术：主要用于检测某一组织或细胞中已知的特异 mRNA 的表达水平以及比较不同组织和细胞的同一基因的表达情况。

(3) 蛋白质印迹技术：可用于检测样品中特异性蛋白质的存在，细胞中特异蛋白质的半定量分析以及蛋白质分子的相互作用研究等。

三、论述题

1. 目前研究 DNA 与蛋白质相互作用的常用技术是染色质免疫沉淀和凝胶迁移实验。①染色质免疫沉淀技术是目前可以研究体内 DNA 与蛋白质相互作用的主要方法。它的基本原理是在活细胞状态下固定蛋白质- DNA 复合物，并将其随机切断为一定长度范围内的染色质小片段，然后通过免疫学方法沉淀此复合体，再利用 PCR 技术特异性地富集目的蛋白结合的 DNA 片段，从而获得蛋白质与 DNA 相互作用的信息。②凝胶迁移 EMSA 的基本原理：蛋白质与末端标记的特异核酸序列探针结合形成复合物，电泳时这种复合物比无蛋白质结合的探针（即游离探针）在凝胶中泳动的速度慢，表现为电泳条带相对滞后。在实验中需要将预先标记的核酸探针与细胞核蛋白提取物温育一定时间，使其形成 DNA -蛋白质复合物，然后将温育后的反应液进行非变性聚丙烯酰胺凝胶电泳，最后用特定方法显示标记探针在凝胶中的位置。

2. 目前常用的蛋白质相互作用研究技术包括酵母双杂交、各种亲和分析（如亲和色谱、免疫共沉淀、标签蛋白沉淀）、荧光能量转移。

(1) 酵母双杂交系统目前已经成为分析细胞内未知蛋白质相互作用的主要手段之一。该技术的建立是基于对酵母转录激活因子 GAL4 的研究。GAL4 分子的 DNA 结合区（binding domain，BD）和转录激活区（activation domain，AD）被分开后将丧失对下游基因的转录激活作用，但是如果 BD 和 AD 分别融合了具有配对相互作用的两种蛋白质分子后，就可以依靠所融合的蛋白质分子之间的相互作用而恢复对下游基因的表达激活作用。

(2) 免疫共沉淀是研究细胞内蛋白质-蛋白质相互作用的常用技术，由免疫沉淀技术发展而来。免疫沉淀是将特异抗体与待检样品中相应的抗原结合形成抗原-抗体免疫复合物，该免疫复合物中的抗体分子可以吸附于固化了蛋白 A 或 G 的支持物上（蛋白 A 或 G 具有吸附抗体的能力），相应的抗原分子也同时被吸附。免疫复合物被吸附到支持物上的过程即为沉淀。没有被沉淀的蛋白质随着缓冲液的流洗而被除去。

（3）荧光共振能量转移是距离很近的两个荧光分子间产生的一种能量转移现象，当供体荧光分子的发射光谱与受体荧光分子的吸收光谱重叠，并且两个分子的距离在10nm范围以内时，就会发生一种非辐射的能量转移，即FRET现象，使得供体的荧光强度比它单独存在时要低得多（荧光猝灭），而受体发射的荧光却大大增强（敏化荧光）。

3. 生物芯片技术是通过采用光导原位合成或微量点样等方法，将大量生物大分子如核酸片段、多肽分子甚至细胞、组织切片等生物样品有序地固化于支持物的表面，组成密集二维分子排列，然后与已标记的待测生物样品中的靶分子杂交，通过特定的仪器对杂交信号强度的分析，对基因、蛋白质、细胞及其他生物组分实现快速、并行、高效的检测技术。生物芯片技术的主要特点是高通量、微型化和自动化，其按照固化的探针来源分为基因芯片、蛋白质芯片、细胞芯片和组织芯片。

基因芯片技术已应用于基因表达分析、基因诊断、多态性分析、药物筛选、基因组文库作图和新基因发现等多个方面。蛋白质芯片是一种高通量的蛋白功能分析技术，它可在整个基因组水平通过对蛋白质与蛋白质甚至DNA-蛋白质、RNA-蛋白质相互作用的检测研究未知蛋白组分和序列、蛋白质表达谱、蛋白相互调控网络和药物作用的蛋白靶点筛选等诸多方面。

（赵　颖）